万物有引力

了不起的物理学

余襄子 著

人民文学出版社 天天出版社

图书在版编目（CIP）数据

万物有引力 / 余襄子著. -- 北京：天天出版社，2024. 9. -- (了不起的物理学). -- ISBN 978-7-5016-2385-3

Ⅰ. O314

中国国家版本馆CIP数据核字第20241X8G42号

责任编辑：崔旋子　　**美术编辑**：林　蓓

责任印制：康远超　张　璞

出版发行：天天出版社有限责任公司

地址：北京市东城区东中街 42 号　　**邮编**：100027

市场部：010-64169902　　**传真**：010-64169902

网址：http://www.tiantianpublishing.com

邮箱：tiantiancbs@163.com

印刷：河北博文科技印务有限公司　　**经销**：全国新华书店等

开本：880×1230　1/32　　**印张**：6.5

版次：2024 年 9 月北京第 1 版　　**印次**：2024 年 9 月第 1 次印刷

字数：116 千字

书号：978-7-5016-2385-3　　**定价**：35.00 元

目录 Contents

写在前面：

当你仰望星空

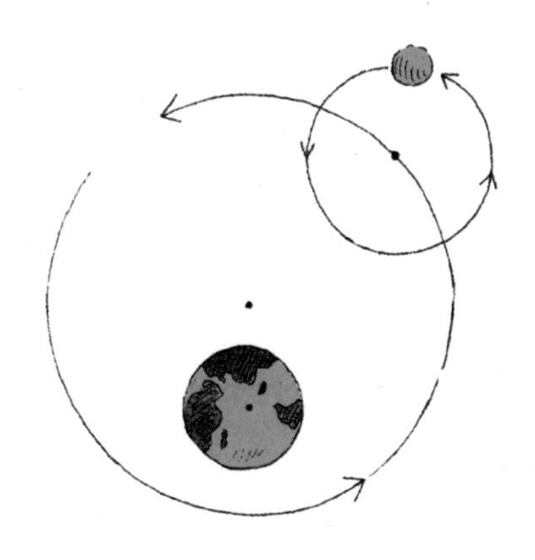

这个世界很奇妙，似乎万事万物都遵循着一套统一的规律，小到针尖纸屑，大到宇宙星辰。自从有了人类开始，人们就不断在探索规律的道路上开拓。现在，就让我们坐上这列时空的旅行车，一起探索这段漫长的旅程。

首先，请试着想象一下。

清晨，你睁开了双眼，第一道光映入眼帘。你从床上爬了起来，来到了窗户边，伸了一个懒腰，拉开了窗帘，享受新一天的空气与阳光。

突然，身后传来一阵声响，你猛地回头一看，发现是桌上的钢笔掉了。你把它捡起，放归原位，也许你会问，钢笔为何会落到地上而不是朝着天空飞去呢？

还没来得及多想，妈妈就喊你吃早餐。

餐桌上，爸爸讲述着前几日的日食现象，你在一旁听得津津有味。你想起了很多年前，那一个夜晚，你抬头望向了星空，月亮有如一块巨大的烧饼挂在天上，周围繁星点点，就像是在冲着你微笑。这么多年过去了，你始终记得那一晚的自己想了些什么，为什么月亮不会掉下来呢？周围的那些星星，究竟都是些什么呢？

很多年前，姥姥告诉你，人死了以后就会回到天上，变

成星星注视着这个星球上还活着的后人。你知道这是姥姥为了安慰你而编造的一个谎言，但你仍不禁猜想，那些星星上是否也有人类居住呢？

你在学校的课堂上已经知道了太阳系的存在，知道太阳系有八大行星，它们分别是水星、金星、地球、火星、木星、土星、天王星与海王星。它们遵循着一套规律，绕着太阳旋转，千万年来皆是如此。它们为何这么听话呢？又为何如此勤劳，一天都没有休息过？你猜想，可能在每一颗星球的背后，在那些肉眼看不见的地方，有精灵在推着它们前行。

你脑海中冒出了无数的问题，却始终得不到答案。你想起了英国诗人亚历山大·蒲柏为牛顿写的那篇墓志铭：

自然和自然法则隐藏在暗处，上帝说："让牛顿降生吧。"于是一片光明。

牛顿？

这个既熟悉又陌生的名字出现在了你的脑海中，挥之不去。他为何会受到世人如此的推崇呢？你隐约记得以前爸爸告诉过你，是因为他同莱布尼茨一起奠定了微积分的基础——如今数学中最重要的工具之一，亦是因为他的万有引力。

小小的万有引力，为何有如此巨大的能量，就像是宇宙

中的帝王一样，万事万物都要听从它的安排，就连庞大如太阳，在它面前都不敢放肆。

那一天的晚上，你站在阳台上，继续仰望星空。月亮如一把镰刀，半躺在天上，缓缓移动。你伸出了手指，想要轻轻抚摸一下月亮，却发现距离是如此遥远。

突然，一道光袭来，恍惚之间，你感觉身体都飘了起来。半梦半醒之中，你就像是化成了一道光，在时间与空间的夹缝中来回穿梭。

一切的一切，都要追溯到很久很久以前……

第一章

古代希腊人对世界与宇宙的看法

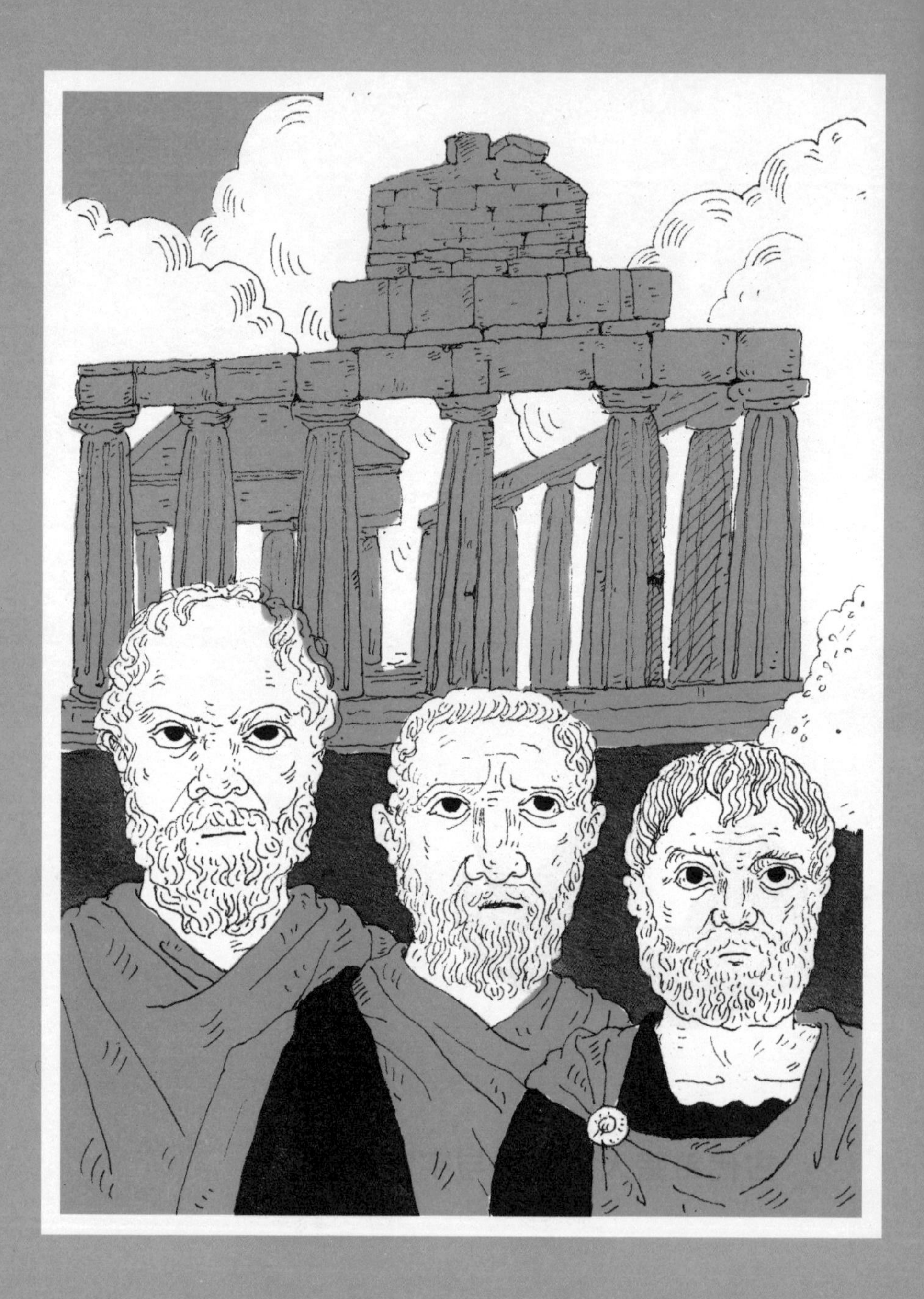

古希腊是西方文明的摇篮，也是人类文明史上的一座宝库，这里曾经诞生了诸多有趣的灵魂，他们孜孜不倦地用自己的理性去解释这个世界，给后人留下了大量的精神遗产。我们熟知的苏格拉底、柏拉图与亚里士多德就曾生活在这里。

无论是物理学、天文学还是数学，尽管古希腊距今年代久远，有两千多年之久，但他们的很多想法与观点依然被视为现代科学的起点。

泰勒斯：万物由水构成

每一个文明，早期都有一段创世神话。在古希腊，人们认为这个世界是由神的意志所安排的。你或许听说过宙斯，但他并非是古希腊神话中的创世主。在希腊神话中，最初的世界是一片混沌，只有混沌之神卡俄斯，卡俄斯通过自我分裂，孕育了幽暗之神厄瑞波斯和黑夜之神倪克斯。

盖亚是独立于卡俄斯的创世神，同时也是大地女神，是所有希腊神的老祖母，生下了第一代神王乌拉诺斯，他也是天空的神格化代表。乌拉诺斯又生下了克洛诺斯，克洛诺斯又生下了宙斯。宙斯开创了古希腊神话的黄金时代，与其他众神一起居住在奥林匹斯山上。

古希腊人认为这个世界的一切现象都是神的操纵，无论是打雷刮风，还是地震火灾，其背后都有一个神的影子。太阳之所以东升西落，是因为太阳神阿波罗每天驾驶着他的神车在天上跑了一圈，掌管月亮运行的是阿波罗的姐妹阿尔忒弥斯，她除了是月亮女神之外，还是狩猎女神。

神是一切自然现象的成因，包括个人的命运也早就被命运女神安排好了剧本。

然而，一个人的出现，将当时的古希腊人从“神本位”转移到了“人本位”。

大概在公元前625年前后，古希腊诞生了一位智者，他叫泰勒斯，是西方第一位哲学家与科学家。

古希腊和春秋战国时期的中国很像，分成了诸多城邦，一个城邦相当于一个国家，著名的有雅典、斯巴达与底比斯。泰勒斯出生于亚细亚的米利都，这里距离雅典很远，中间隔着爱琴海。

泰勒斯年轻的时候，经过商，后来前往埃及游学。在埃及的时候，他望着尼罗河平静的河面，久久无法平静。尼罗河是埃及人的母亲河，古老的埃及人崇拜尼罗河，将尼罗河奉为哈皮神。同时，尼罗河的定期泛滥也为他们提供了肥沃的土地，孕育了古埃及文明。

当尼罗河泛滥的时候，当地人会为此欢呼雀跃，因为

这意味着今年将会有一个好的收成。在埃及看着狂欢的人群，泰勒斯在河边徘徊很久，就像每一个在做题的学生一样陷入了沉思。这位哲人突然意识到：这个世界并非只是神的意志，而是由客观的实体组成。经过一番思索之后，他提出了：万事万物皆由水构成。

在泰勒斯之前，古希腊人认为这个世界由神创造，而且这个世界发生的一切现象，都和神的意志有关。神的意志是随心所欲的，是普通人无法理解与预测的。因此，人们不知道天什么时候会下雨，因为这一切都要看神的安排。而泰勒斯第一个站出来，声明这个世界可以由人的理性所认知。他假定，整个宇宙都是自然的，从可能性上来说，是普通知识和理性探讨可以解释的。

万事万物背后都有一套规律，以前，人们认为这些规律是混乱的，是由神操纵的。自从泰勒斯之后，越来越多的人认为，只要人们多观察多思考，凭借自己的思辨与理性，也能发现这个世界运行背后的规律，甚至还能做一些预测。

无疑，泰勒斯在当时提出自己的观点时，必定遭到了很多人的反对，为此，他决定做一次预测，让人们知道他并非夸夸其谈。他利用巴比伦人记录的规律预测了一次日食，这次日食在公元前585年5月28日真的如他所预言的一样来临了。这一天，位于今天伊朗西北部的米底人和位于今天土耳其西北部的吕底亚人正在打仗，好端端的大白天，突然之间坠入了一片无边的黑暗，大地上的人们陷入了恐慌，以为是有什么灾害要发生。结果泰勒斯指出，不必大惊小怪，这就是一起自然现象，就像刮风下雨一样稀松平常，而且，他早就预测到了。

正是一个又一个像泰勒斯这样的人，将目光投向了遥远的星空，一次又一次地仰望，努力通过自己的认知与理性去探索这个世界。经过了一代又一代的知识更新，这个世界的本来面目才越来越清晰地呈现在了后人面前。

毕达哥拉斯：万物由数学来解释

在泰勒斯之后，另一个带来思想革命的人是数学之王毕达哥拉斯。

在古罗马之前，古希腊人很早就知道了地球是圆的。要得出这个结论并不难，通过简单的经验观察，就可以得出这样的结论。比如太阳与月球都是圆的，我们很自然就会联想到，脚下的地球也是圆的。再者，如果我们站在海岸边向远方眺望，远处驶来一艘船只，我们会先看到船的最高点桅杆，而后再慢慢看到船身，当船只离我们远去的时候，船身先消失，而后桅杆再消失。如果地球是平的，当船只出现的时候，我们会一起看到桅杆与船身，船只消失的时候，它们也会一起消失。

哲人毕达哥拉斯更是发现了，当发生月食的时候，地球投射在月面上的影子总是圆的。他认为，只有当地球是一个球体时，才会如此。

毕达哥拉斯是古希腊有名的哲学家与数学家，“毕氏定理”就是他提出来的，在中国，这个定理又被称为勾股定理。

在今天的人看来，毕达哥拉斯是一个很古怪的人，他相信“灵魂说”，甚至认为灵魂会转世，比如有一次他看到一个人在打一条狗，他立即上去制止了这种虐狗行为，并说：“请停下来，我从这条狗的叫声中听出了我以前一个朋友的声音。”

毕达哥拉斯似乎天生就是一个爱流浪的人，他出生于希腊的萨摩斯岛，位于爱琴海上，这里距离米利都仅有一箭之遥。我们有理由相信，毕达哥拉斯在自己的家乡度过了他的童年。家乡的人都比较保守，信奉一种叫奥菲教的古老宗教，其中残存很多迷信的成分。

有传言称，毕达哥拉斯是太阳神阿波罗的儿子，据说他的大腿是金子，闪闪发光，而且他是一个素食主义者，不吃肉。我们现在知道毕达哥拉斯的大名，源于他在数学上的贡献，可在当时，他的名声主要源自他被传说得像天上的神仙一样，是一个神人。

长大后，毕达哥拉斯前往米利都留学，米利都生活着哲学之王泰勒斯，但泰勒斯以自己年龄太大为由，拒绝收毕达哥拉斯为徒。可能是泰勒斯觉得，自己还不配给神人当老师。后来他前往埃及，在那里待了数十年之久，学习了古埃及人的数学。

在埃及逗留期间，恰逢波斯入侵。波斯是位于东亚的一个古老帝国，也是历史上第一个横跨亚非欧大陆的帝国。波斯人看着这个外乡人，倒也没有为难他，而是将他抓到了巴比伦。

幸运的是，毕达哥拉斯的身体还不错，一路辗转没有让他一命呜呼。自此以后，毕达哥拉斯又在巴比伦停留了近五年。据说他还到达过今天的印度和英国。

古巴比伦人发明了60进制，今天我们的很多概念，比如1小时有60分钟，1分钟有60秒，以及圆周有360°等，

都来源于古巴比伦。

相比于古巴比伦人的抽象思维，古埃及人与我们中国的古人一样，更侧重于实用数学、经验性的数学。古埃及人建造的金字塔是世界七大奇迹之一，而要建造这样的宏伟建筑，几何学是必不可少的工具之一。

早在毕达哥拉斯发现毕氏定理之前，古埃及人就已经在使用这条定理了，但他们没有把它提炼成一条普适性的定理。比如一个直角三角形，它的两条直角边分别是3厘米和4厘米，我们拿尺子量一下，发现斜边长是5厘米。通过简单的计算，我们很容易就发现，这个直角形的三条边符合一个规律，即两条直角边的平方和加起来，即“3^2+4^2”，与斜边的平方，即“5^2”是一样的。

如果我们只满足于这一组数字关系，那只能说这是一个特例，它只是经验性的，而非逻辑性的。当我们下次见到了另一个直角三角形，其两条直角边是6厘米与8厘米，斜边长是10厘米，我们发现，这个直角三角形也符合之前的定理。其实，这样的直角三角形有很多，比如直角边是5厘米和12厘米，斜边长是13厘米。

毕达哥拉斯则是从逻辑上证明了这条定理，将其总结成了一条放之四海而皆准的定理。在平面几何中，无论是怎样的直角三角形，也无论这个直角三角形的各边长分别是多少，它都满足这条定理。

美国科学史家伦纳德·蒙洛蒂诺在《思维简史》中提到，人类自诞生文明之后，到毕达哥拉斯的时代，发展了几千年，也获得了许多科学知识，但是，所有的知识体系都还只能算是“前科学”。因为即便是泰勒斯，在解释世界万物的时候，也或多或少会有些神秘与主观色彩，比如他认为万事万物都由水构成，这个观点虽然排除了神的原因，但依然是主观性的。一直到毕达哥拉斯，他为人类探索世界奥秘确立了一条数学上的规范起点，这个起点不受人主观性的影响，科学的大厦才能在此基础上一步一步发展起来。

正如毕氏定理，是他通过纯粹的理性推理得到的结论。

在这个过程中，没有加入任何人主观的想象。

在毕达哥拉斯之后，古希腊的科学家们在他的基础上，开创了一种新的方法获得知识，那就是从已经被证明的结论出发，推导出符合逻辑的新结论，然后一个个新的结论叠加起来，就形成了系统性的学科。当然，这并不是说古希腊人放弃了依靠观测和测量获得知识的做法，而是说他们多了一条新的途径，这是一条数学式的途径。没有数学，也就不可能会有实证科学。

毕达哥拉斯能得出这样具有划时代意义的发现，实际上也和他早年旅居埃及和巴比伦脱不开关系，他吸收了两个地方思想与文化的精华，为人类开拓出了一条新的道路。可见，一个人要想获得伟大的成就，就必须要多走多看，不要总是局限在自己有限的圈子中，要和不同地方的人交流，去理解与自己不同的人的思想与生活习惯，才会有意想不到的惊喜与发现。

自古以来，科学的发展并非一蹴而就，就算是再伟大的科学家，也不能面面俱到。毕达哥拉斯以及他之后建立的学派，在其他领域，比如天文学上，依然具有较为浓厚的主观色彩。

毕达哥拉斯在外面晃悠了小半辈子后回到了家乡，本以为自己会成为希腊的一颗闪亮巨星。可没想到，家乡人太保守了，接受不了他的学说，甚至还有人将他当成了疯子。

不过据说在家乡，毕达哥拉斯有了他的第一个学生，历史学家认为他的第一个学生也叫毕达哥拉斯，简称小毕，可能是毕达哥拉斯的一个亲戚。有意思的是，小毕是毕达哥拉斯自己花钱买来的。一般是老师给学生上课，然后学生付钱给老师，而毕达哥拉斯则是反过来的，他不仅要给学生上课，上完课之后还要付钱给学生，据说一节课要付给小毕3个银币。

这么上了一段时期后，毕达哥拉斯注意到，小毕已经将学习的动力从外驱力转到了内驱力，于是他说自己已经没钱支付学费了，因此课程只能停止。而小毕竟然表示："学习使我快乐，我热爱学习，不给我钱也无所谓。"

可是，除了小毕之外，毕达哥拉斯就算是花钱也买不到任何学生了。万般无奈之下，他再一次离开了家乡，前往意大利半岛南部的移民城市克罗内托。移民城市，相对来讲更开放一些，也更容易接受一些新奇的观念与想法。

到了新的家园后，毕达哥拉斯开始有了自己的追随者，不再像之前那样花钱买学生了，于是他一改往日的阴郁，在

当地落户安家，并建立了属于自己的学派“毕达哥拉斯学派”。这是一个充满了各种清规戒律的类宗教组织，内部讲究平等，但也有很多禁忌，比如不能吃豆子，睡醒之后要叠好被子，不能放纵欲望，也不能自杀等。毕达哥拉斯有一点“男女平等”的想法，因此这个组织还吸收了不少女学员，这在当时来讲已经是重大突破了，他的妻子也是其中的一名学员。

毕达哥拉斯认为，天上的星体按照贵贱可分为三部分，最上一层是奥林匹斯，是诸神居住的地方，中间是考的摩斯，第三层是乌拉诺斯，是地球区域。贱的天体转得快，贵的天体转得慢。地球是最不完善的地区，因此它的变化是没有秩序的。毕达哥拉斯还认为，各种天体间的距离是有数学比例的，因此，它们在运行时会发出巨大的、和谐的声音。但是，只有少数贤哲才能聆听到此种天籁之音。在科学史上，将数学引入天文研究是毕达哥拉斯及其学派的一大贡献。

今天的我们都知道，宇宙中的各星体之间并没有高低贵贱之分，然而古代的人除了将人分为三六九等，就连天上的星体也不放过。星体在宇宙空间中运动也不会发出任何声音，因为声波无法在真空中传播。毕达哥拉斯学派对于数学与和谐有着强烈的追求，他们认为地球是圆的，更多是出于一种美学上的喜好。

尽管毕达哥拉斯在数学上已经有了初步的科学思维，但在没有望远镜的时代，他们对数以外的世界的理解都还停留在思辨层面，带有一种想当然的感觉。

菲洛劳斯：宇宙中心是团火

站在地面上仰望天空，无论是白天还是黑夜，太阳与月亮总是在缓缓移动。我们自然也会因此联想到，或许我们脚下的地球也并非是静止不动的。

炎热的夏天，人们在室外工作，稍不留神就会热得汗流浃背。在没有空调与电风扇的古代，人们用来避暑的手段很有限，但这些极端的气候并没有阻挡古人展开他们想象力的翅膀。他们很自然就会想到，也许在天空的深处，有一团永远不会熄灭的火在持续燃烧着。

菲洛劳斯是毕达哥拉斯学派中的一员，他继承了古希腊另一位哲人赫拉克利特提出的“世界由火构成”的观念，提出了中心火学说。他认为，宇宙的中心是一团熊熊燃烧的烈火，这在今天的人看来很难理解，他可能以为光和热都来源于这团烈火，而不是太阳。地球、月亮、水星、金星、太阳、火星、木星和土星八个星球依次排列，围绕着中心火旋转。

古希腊哲人对和谐有着近乎疯狂般的痴迷，无论是圆周运动还是匀速运动，在他们看来，是最为和谐也是最为完美的，亦是这个宇宙中最高级别的存在，因此，他们大都想当然地将自己对完美的追求加到了对宇宙的理解之上。除此之外，毕达哥拉斯学派认为“十”是这个世界上最完美的数字，因此他们想当然地认为，宇宙中的星体也有十个。可在当时人的肉眼中，能观测到的也就八个，还剩下来的两个怎么办呢？

他们为此假想出了两个星球，一个就是那团中心火，还有一个是“反地球”。我们之所以看不到中心火的存在，正是因为地球在旋转的时候，总是以一面对着不动的中心火，而我们人类则居住在地球的另一边，因此始终看不到。而“反地球”则在中心火的另一侧，因此我们也看不到。

这个理论看上去很完美，能够自圆其说，但依然有着巨大的漏洞。如果地球绕着中心火旋转而中心火不动，则地球每转一周，天上星球之间的视位置就会发生改变，但当时并未发现这种现象。

因此，这种学说在诞生之后没多久就被当时的人们所抛

弃，但它却在两千年后启发了哥白尼。

亚里士多德：宇宙中心是地球

亚里士多德是古希腊的博学者，父亲是马其顿王的医生，自己则是哲人柏拉图的学生，后来又成了马其顿王亚历山大大帝的老师。他一生涉猎颇多，精力充沛，曾研究过力学、物理学、天文学、化学、生物学、气象学、心理学、逻辑学、政治学、历史学、伦理学、美学、诗学等，是一位百科全书式的学者。

想想看，一到夜晚，天上就会出现一轮明月，如果我们长时间观察它，会发现它每时每刻都在变换位置，尽管移动的脚步很缓慢，但只要时间一长，我们都能发现这个现象。

我们很自然就会联想，在白天，太阳也在运动。除此之外，太阳系的其他行星也都如此。

它们究竟在干什么呢？又为何会运动呢？

亚里士多德是第一个系统研究运动的哲人，他认为运动是一切自然现象的前提。如果我们不了解运动，那么我们也就无法了解这个大自然。

他认为，在自然状态下，火与气向上运动，水与土向下运动。他认为这些现象“合乎自然”。土向下运动，落到了地面上，因此地球必定是一个完美的球体。如果不是这样，那么土就会按照其本性，不断向中心运动，距离中心较远的土便会移动到距离中心较近的土附近。只有当所有的土都移动到距离中心位置相等的距离，地球才会稳定，如此一来，地球也就必定是一个球形。

古希腊的哲人大都有一种完美主义，他们认为球体是这个世界上最完美的形状，因此地球也必然是一个球体。

我们都有过这样的经验，向天空中抛出一个物体，它必然会在某一时刻停止上升，而后急速坠落。秋天到了，叶子泛黄了，从树枝上掉落，如果没有急速的风，它会缓缓落到地上，而不是朝着天空上方飘去。这些粗糙的经验使得亚里士多德认为，在我们的脚底下必然有一个吸引力，所有的物体都会落向地心。

既然地球是一个球体，那么在地球之外，宇宙也是一个球体。地球位于整个宇宙的中心，因为所有的物体都会落向地心。在亚里士多德的世界中，运动可以分为三种，向心运动、离心运动和环心运动。地球已经位于宇宙的中心，所以它不可能有向心运动。所有的土落在地面上，没有运动，因此地球也不可能有离心运动，因为这违背了土的本性。此外，也没有一种力拉扯地球，使其离开中心，因此地球也没有环心运动。

鉴于此，亚里士多德只能得出这样的结论：地球不仅位于宇宙的中心，还始终静止不动。

古希腊到了柏拉图与亚里士多德的年代，流行四元素说，认为万事万物都由土、火、气和水构成。四元素的本性是做直线运动，但天体却做着圆周运动，这种经验与理论不符。每到这个时候，人们便会想出另一套理论来解释经验。

在解释天体运行上，亚里士多德继承了老师柏拉图的理

论和欧多克斯的天球层模型。柏拉图与毕达哥拉斯一样，强调自然的美与和谐，认为天体都是完美的，所以它们运行的轨道必定是最完美的图形——圆周，它们的运行速度也必然是完美的匀速。理论是完美的，现实却是骨感的，万一他们发现有天体没有按照匀速圆周运动的规律来运转，会怎么办呢？

没关系，如果他们发现某些天体做不规则运行的话，那也可以用匀速圆周运动的组合来说明，最后也可以归结为某种匀速圆周运动。

从古希腊到古罗马，再到中世纪，在开普勒之前，西方人都是按照这两条原则来解释天文学中天体运动的，即圆周与匀速。

不得不说，古希腊的哲人们对于理论有着远超常人的痴迷。他们的观点虽然源自于思辨，以及少量的经验，在今天看来显得有些滑稽可笑，但也为后世科学的发展奠定了良好的基础。

亚里士多德在研究运动的时候，主要集中于定性而不是定量，甚至对于速度也只有一个相当模糊的定义——在相同时间内某些东西要比其他的走得更远。尽管这在今天的人看来很粗糙，但在他生活的那个年代，人们认为这样就已经足够精确了。

由于对于速度的认识只停留在其性质层面，所以亚里士多德以及同时代的人对加速度的概念也是稀里糊涂的。今天的任何一个高中生都明白，加速度是物体运动时速度大小与方向的变化。这样的认知缺口在很长一段时间里都没能引起人们的高度重视，直到牛顿的出现，这个缺口才被补了进去，这些概念也才逐渐变得清晰起来。

科学的发展离不开思辨，但也不仅仅只是思辨。光有想法是不行的，还得去做实验，找数据，寻证据，但若是没有想法，也是不行的。

不过若是我们考虑到亚里士多德生活的年代距今已经两千年之久，我们也会对他们表示深深的敬意与理解。

亚里士多德：万物背后有目的

在亚里士多德的世界观里，目的论也是其中最典型的一个代表。他相信宇宙是一个巨大且和谐运行的生态系统。

顾名思义，目的论指的是万事万物背后都有一个目的。比如，你读这本书的目的是为了增长知识，抑或是打发周末闲暇的时间，这就是目的。但亚里士多德更进一步，认为自然界也遵循一套目的论。比如，眼睛也有目的，它的目的是为了让我们看得更清楚些，动物们走路是为了寻找食物，老鼠逃跑是为了避免被猫或蛇吃掉。人也有目的，人的目的就是依靠理性过一种和谐的生活。

相比于这个世界究竟是怎么样的，亚里士多德更关心这个世界为什么会这样。他以“目的”来解释这个世界，这与今天的科学研究者们大相径庭。

想象一下，你站在学校的操场上，朝天空抛一块石头，请注意不要在人多的时候这样做，因为这很有可能会砸到人，会让你的父母为你这种愚蠢的行为买单。飞到天空中的石头最终会落下来，为什么呢？在今天的人看来，这再简单不过了，因为万有引力。但是在牛顿出生前的两千年前，亚里士多德认为，石头之所以会落下，因为它体内含有土元素，而元素的本质属性就是向宇宙中心——地球运动。回到宇宙中心即是土元素的目的，也是石头的目的。

根据经验，我们向前方扔出一块石头，它最终会落到地面，陷入静止状态。万事万物无论如何运动，最终都会停下来，这与我们日常生活中的各类现象相符。那么一个显而易见的问题就来了。想必大家看了之前亚里士多德的宇宙观，心中肯定早已冒出了一个疑问，地球位于宇宙的中心，且静止不动，那其他绕地球旋转的星体为何没有朝着宇宙中心运动呢？换句话讲，它们为何要做圆周运动而没有坠入地球呢？或者停下来呢？

亚里士多德的世界观中给“造物主”留下了一个位置，我们也可以将其称为“自然神论”，启蒙运动时期的法国思想家伏尔泰也是“自然神论”的代表之一。造物主是完美的，天上的星体之所以会有规律地做圆周运动，就在于它们并不完美，但有趋于完美的欲望。换句话讲，它们是在模仿造物主，这也是目的论的一个哲学解释。

目的论影响了西方长达两千年之久，让各个时期的基督教哲学家对此推崇至极，但也在将近两千年的时间里阻碍了科学的发展。一直到牛顿的时代，这种凡事都要寻求一个目的的哲学论方法才被更为客观与物质性的机械宇宙论所代替。今天的我们都知道，抛向天空的石头之所以会下落，并不是因为石头有目的，而是因为这符合客观的自然规律——石头受到地球吸引力，从而落到了地面上。如果没有空气阻力，朝着前方扔出一块石头，它将永远沿着直线匀速运动下去，其中也并没有目的论的影子，纯粹只是因为这符合惯性定律，直到有外力的干扰停止其运动。

总的来讲，亚里士多德认为，地球位于宇宙的中心，各星体围绕着地球做完美的匀速圆周运动，这是因为它们在模仿造物主。除此之外，任何运动如果没有外力的介入，最终都会停下来。

亚里士多德也清楚地知道自己的学说并不完美，他说："我的物理学只是第一步，因而只是很小的一步，尽管它花费了我很多的思考和辛苦劳动……"

尽管亚里士多德的很多错误的观念在很长的一段历史时期里阻碍了科学的进步，但从另一方面来讲，他对真理的追求以及思考的热情也一直流传至今，启发了一代又一代的思想家。在科学发展的道路上，每一步都值得我们走一走。我们不要怕走错路，要敢于向前走。

阿里斯塔克：宇宙中心是太阳

早在哥白尼之前，古希腊就已经有人提出了"日心说"，他就是阿里斯塔克，是历史上第一个提出"日心说"的古希腊萨摩斯哲人，被革命导师恩格斯称为"古代的哥白尼"。遗憾的是，他的大部分著作都已经失传，至今留存下来的仅有《论日月的大小和距离》，而且在很长一段时期里他的学说都不为人所知，可能是因为这与后来的权威“地心说”不相符，因此被人们有意无意忽略或扔掉了。

阿里斯塔克构建出来的宇宙模型与菲洛劳斯的中心火学说类似，只不过太阳取代了中心火的位置。

阿里斯塔克观察到，在日全食时，月亮刚好遮掉了整个的太阳，而他通过不断的观察，运用三角形原理，得出日地距离刚好是日月距离的19倍，因此，太阳比月亮大19倍。在月食发生的时候，他观察地球的影子，计算出了地球的影宽，进而推算出月球的直径是地球的1/3，这距离与今天所知的0.27倍相差18%。通过一系列的计算与想象，他得出，太阳的大小约是地球的6倍，体积则是地球的200倍。实际上，太阳是地球的130万倍，阿里斯塔克的计算与实际情况相去甚远。

尽管如此，他还是得出了地球并不是宇宙中最大的星球的正确结论。在他看来，小物体应该围绕大物体旋转，因此，地球应该绕着太阳转而不是反过来。

阿里斯塔克还提出了一个巧妙的方法来测量日月之间的距离，不过他只是提出了方法，真正将之付诸实践的还要等到一个半世纪以后的喜帕恰斯。

今天的我们对喜帕恰斯几乎一无所知，仅从托勒密的著作中可以了解到他的一星半点。他在爱琴海的罗德岛上建立了一个观象台，发明了许多用肉眼观测天象的仪器，这些仪器供西方使用了近1700年。

喜帕恰斯在公元前150年前后，运用阿里斯塔克的理论，测算出日月距离恰好是地球直径的30倍。埃拉托色尼也是同时期的一位伟大的天文学家，他测算出地球的直径约为12700千米，实际上，地球的平均直径约为12742千米，这已经相当接近了。套用埃拉托色尼的数据，喜帕恰斯得出，日月距离约为380000千米有余。今天我们知道，月

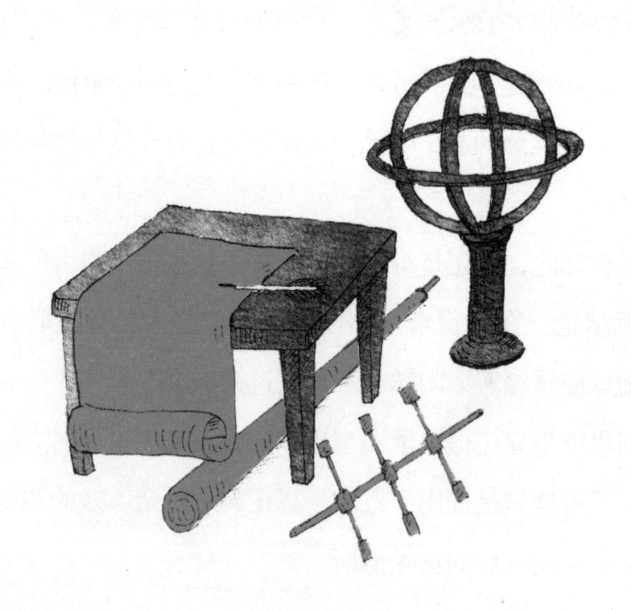

球与地球的距离并不是恒定不变的，最近时有363300千米，最远时有405500千米，平均距离是384400千米。对此，我们不得不惊叹一声，因为喜帕恰斯给出的数值已经非常接近实际情况了。

阿里斯塔克是古希腊人，他生活的年代，已经进入了后希腊时期。我们发现，最早的古希腊人仅仅只是从思辨的层面去了解这个世界，往后的希腊化时期与古罗马时期，人们则更倾向于去计算具体的数值。不得不说，这是一次思想史上的巨大飞跃。只有我们对世界的研究从定性转向定量，才能得到对我们更加有用的知识。

▶ 第一章小结

1.泰勒斯指出，这个世界是可以被我们人类的理性所认知的，它不再是神的意志。

2.毕达哥拉斯为人类探索世界提供了一种行之有效且数学式的方法，这种方法不受人的主观意识影响，是客观的。

3.亚里士多德凭借自己粗糙的经验得出，“力是维持物体运动的原因”以及“重的物体比轻的物体下落更快”，这在千年后分别被证明是错误的观念。

4.亚里士多德的“目的论”对西方世界观影响深远，这种观念后来被牛顿的“机械宇宙论”所取代。

5.早在古希腊时期，就有阿里斯塔克提出了“日心说”，并启发了千年后的哥白尼。

6.古希腊人大都认为世界与宇宙是和谐且统一的，这是一种完美主义倾向，认为天体运转的轨迹是圆周且匀速的。

第二章

古代中国人对世界与宇宙的看法

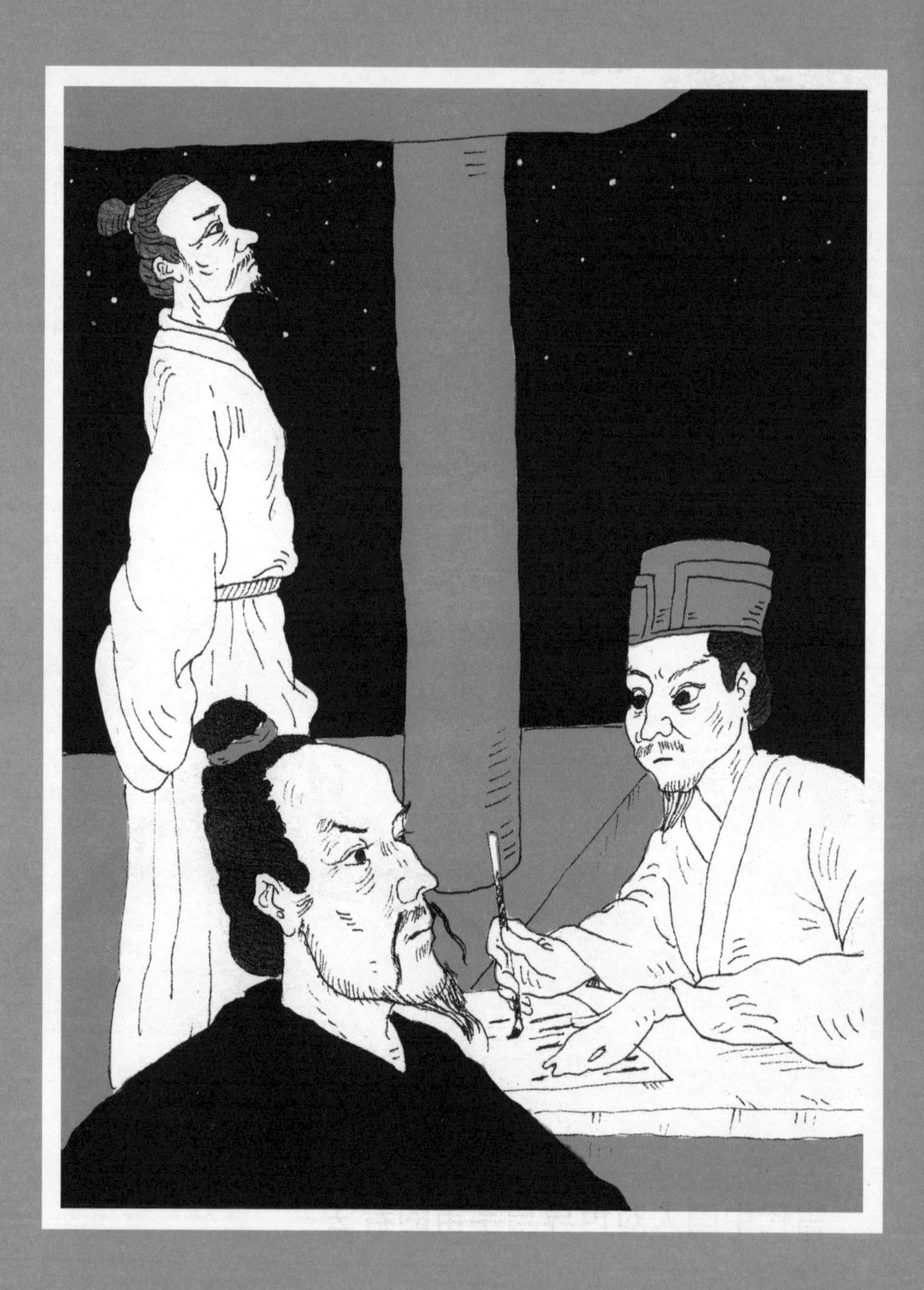

古老的中国对于宇宙的理解简单来讲可以划分成三种学说：盖天说、混天说和宣夜说。相对于古希腊，中国的古人更务实一点。他们观测星空，其结果作用于现实，因此历代王朝几乎都设有官方的天象观测机构。

从神话中走出来

中国是世界四大文明古国之一，另外三个是古埃及、古印度和古巴比伦。尽管现在也有埃及和印度，但如今的埃及人和印度人与历史上的古埃及人和古印度人有着天壤之别，他们的文明都曾经中断过，只有中华文明是一个延续五千多年而没有中断的古老文明。

天文学在中国亦有着悠久的历史传统，人们普遍相信天

上的星辰变动也会牵连着人世间的事情。每一个民族都根据自己的传统与特性来解释这个世界，不过早期的时候，各民族之间相差无几，都带有一种原始的浪漫主义色彩。古代流传下来的神话传说，就体现了我们先民丰富的想象力。

先民相信，起初整个宇宙都处于一片混沌状态，盘古在其中孕育而生。后来，他从里面手拿巨大斧头开天辟地，但因为担心天与地会重新融合在一起，于是他手撑着天，脚踩着地。经过了一万八千年的时光，随着盘古的不断生长，天与地的距离已经十分遥远。

盘古最后吐出来的气化成了天上的清风与云朵，它们四处飘荡，将盘古的故事传播到了神州四方；他的声音变成了阵阵雷声，我们经常还能听到他偶尔的咆哮；他的双眼缓缓升起，左眼变成了光芒万丈的太阳，右眼变成了皎洁无瑕的月亮，每一天都在陪伴着我们；他的头发和胡须，化成了天上的银河与星辰，一到夜晚就会闪闪发光；他流下的汗水，成了滋养万物生长的雨水。

又过了很久，盘古的身体也慢慢发生了变化，他的四肢变成了东西南北四极；他的身躯成了各地的高山丘陵；他的血液从体内流出，流向了四方，成了奔流不息的江河湖海；他的筋脉连在了一起，铺在了九州大地，成了一条条通天大道；他的肌肉化作了肥沃的田地，供后人开垦与种植；他的皮毛也变成了各种花草树木，为这个黑白世界增添了一丝光亮。甚至，就连他的牙齿和骨头都成了深埋在大地里的金属与石头。

中国的古人很早就学会了观测天象，并将新的发现记录下来。因为天文学可以指导人们的农业生产。

古老中国保留的天文学观测记录是世界之最。在殷商时代，人们就用甲骨文记录日食与月食，《春秋》鲁文公十四年（公元前613年）记载，“秋，七月，有星孛入于北斗。孛者何？彗星也。”这是世界史上首次有关哈雷彗星的记载。自周代开始，中国大地上就出现了不同的学说，其共同主题是探索天地的形状，研究天地之间的关系。

在古人的观念中，宇宙包含了一切的时间与空间，认为“四方上下曰宇，往古来今曰宙”，这也是宇宙这个词的来历。

我们的古人虽然没有受过现代科学的思维训练，但他们从生活经验中也可以得出一些实在的观念。比如，一个物体若是没有支撑物，那么它就会沿着直线掉下来，而古人又认为，天是有形的，有形的东西就会有重量，因此，一个现实问题就摆在了古人面前，为何天没有掉下来？

《列子》中记载了一个“杞人忧天”的故事，说的是春秋战国时期有一个杞国人，整天活得提心吊胆的，担心若是天塌下来，地上的人都会被砸死。这在今天来讲实属幼稚可笑，在古代却是一个不得不面对的现实问题。古代的天文学家也在不断探索，试图回答这个问题。

俗话说，“人往高处走，水往低处流”，水总是会从高处流向低处，最后当落到各处都一样平时，才会停下来。古人由此推测，大地是平的。

唐代诗人王勃在其《秋日登洪府滕王阁饯别序》中提到了“斗转星移”，说明古人就有了这样的发现，北斗星围绕北极星做圆周运动。因此古人自然就会想到天也是球形的，是圆的。

这两种观念构成了中国古代长久的宇宙观，即“天圆地方”。

盖天说：天圆地方，静止不动

“盖天说”在中国有着漫长的发展史，最早在周代就有了文字记录，说天就像一个伞盖，大地就像一个棋盘。

“盖天说”认为，大地静止不动，动的是头顶上的天穹，日月星辰在天穹之上，随着天穹一起旋转。最早的时候，人们认为天穹就是宇宙的中心，后来人们慢慢发现，北斗星绕着北极星旋转，而北极星看起来固定不动，因此，北极星又成了宇宙的中心。

今天的我们都知道，北极星并非静止不动。因为地球绕着地轴自转，而北极星刚好与地轴的北部延长线极为接近，因此看上去相对于其他星星来讲是不动的。

“盖天说”又名“天圆地方说”，这种观念虽然也有很多明显的不足，却符合古人“天尊地卑、天动地静”的哲学观念，因此在历史上产生了极为深远的影响。以至于在“盖天说”退出历史舞台之后，这种观念依旧残留在古人的心目中。最典型的例子就是北京的天坛是圆形的，而地坛是方形的。

从常识上来讲，“盖天说”有着以下三大问题：

第一，天圆与地方无法吻合，就像拿着一张圆形的纸去盖一张方形的纸，无论如何都会留下多余的部分。因此，后人对这一说法做了补充，认为天并非盖在地面上，而是悬浮在空中。

但这又带来了第二个问题：悬浮在空中的天又为何没有掉下来呢？

在中国古代神话中，相传水神共工败在了火神祝融的手上，一怒之下撞断了不周山。不周山是连接天与地的八根柱子之一，从中我们也可以发现，古人认为在天与地之间，有八根巨大的柱子相连，是它们支撑住了天，天因此没有掉下来。根据神话的后续故事，由于不周山遭到了损坏，因此天空出现了一个巨大的窟窿，人间瞬间变成了炼狱，女娲也因此冶炼了一块七彩石进行补天。这也是女娲补天的神话故事。但是问题又来了，既然如此，那其他七根柱子又在哪里呢？指的是哪七座山呢？一直以来，都没有一个世人公认的答案。

第三，日夜更替是最直观的自然现象，白天太阳悬挂在天穹之上，那么到了晚上，它又跑到哪里去了呢？

最初的“盖天说”无法解决以上三点疑问，因此后人在其基础上进行修修补补，创造了新的“盖天说”。新的“盖天说”认为，天空就像一个斗笠，大地则像一个底朝天倒放着的盘子。大地不再是平直的，而是拱形的。天与地之间的关系因此而变得和谐起来，但依然无法解释上面的第三个问题。

有人认为，太阳的东升西落纯粹就是一场幻觉，但这种极致的虚无主义并未能说服大部分人。因此又有人认为，因为天体都绕着北极星转，而北极星并不正好在我们的头顶之

上，而是有一些偏差，所以天体在运动时，有时距离我们较近，有时又距离我们较远。近的时候，我们就能在天空中清晰地看到它们，而远的时候，我们就看不到它们了。

然而，这种说法依然无法解释，为什么到了夜晚，我们看不见太阳，却依然能看到满天的繁星？很显然，这些星星比太阳与我们之间的距离更为遥远。

中国的古人在仰望星空的时候，并不像古希腊人一样有着“完美主义”倾向，他们更倾向于基于现实去寻找理论，而不是先有理论后去寻找现实。

相比于古希腊，中国古代在天文学上的认知是务实的。可能是最早就发现了“恒定不动”的北极星，因此中国古代并不流行“地心说”。

浑天说：天地浑圆浮于气

只要我们抬头观察一下天上的星辰，抑或是太阳还是月亮，都会自然想到我们脚下的地球是不是也是圆的，是一个球体。“盖天说”并不认为地球是一个球体，而只是一个半球体。

最早提出地球是一个球体的人，大概就是惠施，他是诸子百家中名家的开山鼻祖，也是庄子的好朋友。两人有一次在外面游玩，看到水中的鱼后，展开了一系列的讨论，留下了“子非鱼，焉知鱼之乐”的典故。

惠施是一个博学者，学富五车，但遗憾的是，他的著作已经失传，我们只能从庄子的著作中了解他。关于宇宙万物的学说，惠施共留下了十个命题，后人很难理解其中具体的含义，但只要加上“地球是一个圆球”这样的假设，他的十个命题就说得通了。

比如，“南方无穷而有穷”与“泛爱万物，天地一体也”，惠施认为，整个宇宙就在一个巨大的天球之中，日月星辰在其中运转。

“浑天说”的代表人物还属东汉时期的著名科学家张

衡，他发明的浑天仪更是将古代天文学的发展推到了一个新的高度。

张衡的父亲非常勇猛，年少机敏，曾经带着数千骑兵击破了匈奴的一万骑兵。张衡与他父亲一样，聪明好学，很小的时候就能写出一手好文章。他为人正直，刚正不阿，在追求真理的路上也从不畏惧任何险阻。整个东汉社会从上到下流行谶纬学，这是一种神学，也是江湖骗术的温床。一直到三国时期，谶纬学也依然很有市场，比如“代汉者，当涂高也”就是当时最著名的一句谶语。

张衡非常痛恨这种风气，多次向皇帝指出，这不过是一些别有用心的人用来升官发财的工具。因为这种言论触动了权贵们的利益，因此这也让他屡遭排挤。

张衡并不想将自己有限的生命浪费在宫廷的尔虞我诈之中，他一门心思研究机械与天文，在《灵宪》一书中重点讨论了天体的演化。他认为，天体的演化分为三个阶段，第一个阶段是“溟涬”，这是宇宙最初的样子，是混沌之前的形态，只有白茫茫的一片空间，任何物质都没有，但天地之间运行的规律却早已被写入其中。第二阶段是“庞鸿”，不知不觉，空间中产生了各种元气，这些元气混杂在一起，辨不清彼此，看上去就好像是一片混沌。第三阶段是“太元”。

随着时间的流逝，混沌中的空间慢慢变得清晰起来，元气逐渐分离，清者上升，成为天；浊者下降，落为地。天为阳气，地为阴气，阴阳结合，孕育出了万事万物。

然而，若是按照这种理论，问题又来了，最初的元气是怎么来的呢？

张衡无法给出确定的解释，只好将其归于“无”。中国古代的思想与古希腊的思想有一点重大的区别，中国古人相信无中可以生有，但古希腊哲人则认为无中不可能生有。

天上的星辰按照早已写下来的规则运行，有的转得快，有的转得慢。张衡认为，距离地球较近的星体，转得就快，距离较远的则转得慢。

相比于“盖天说”，“浑天说”的内容更为丰富，张衡更是指出，月亮不发光，只是反射了太阳的光。他认为地球是一个球体，在解释月食成因的时候就说明了这一点。

然而，“浑天说”依然存在着一些无法解释的情况。首先，若地球是一个球体，那么水面也应该是一个球体，但是当古人望向一览无余的海面时，并未发现这一点，只是看到浩瀚无边的大海依然是平的。

其次，大地是一个庞然大物，如何能飘在空中却不下落？古人们相信在地的下面，必然存在一个支撑物，这个支

撑物一开始被认为是水，也就是说，地漂浮在一片巨大的海面上。在水的下面，又是什么在支撑着无穷的海洋呢？

若是地漂浮于水，又会带来另一个问题。俗话说水火不容，将燃烧的物体放入水里，会马上熄灭。而太阳在古人眼里，就是一团巨大的火球，它东升西落，在古人的认知中，太阳落山就是沉入到海水中去，那么它落入海水中后又为何不会熄灭呢？

于是，又有人提出了不同的说法，认为支撑地漂浮的不是水，而是气。其中的代表人物是宋代的张载，他是中国有名的思想家与宋明理学创始人之一，被人们亲切地称为横渠先生，因为他后来在横渠镇安家讲学，留下了“为天地立心，为生民立命，为往圣继绝学，为万世开太平”的千古名句。

张载认为“地在气中”。

他认为气的升降导致了地的升降以及四季的变化，他将地看成了一个浮在空中的气球，由于气的盈虚，造成了地球与太阳距离的变化，从而形成了不同的季节。

一直以来，“盖天说”与“浑天说”就相争不下，但由于“浑天说”与实际观测结果较为一致，因此“浑天说”逐渐就成了主流。与古希腊的毕达哥拉斯一样，“盖天说”也有“天尊地卑”的观念，而“浑天说”相对来说对天与地的看法更为平等。

宣夜说：天是无形之气

无论是中国还是西方，在主流的学说中，都认为天是有形的，有重量的，都有一个坚硬的外壳，“宣夜说”却否定了天的实体性。

“宣夜说”最早出现于殷商时期，在东汉时期没落，因此一直以来都只是小众的学说。“宣夜说”认为，天无色无味也无形，是空的，无限高远，看起来之所以有色有形，是因为我们地上的人距离天空过于遥远。除了一块有形的大地，以及大地上形形色色的人与万物，其他都是虚无的，这种虚无是无限的，日月星辰飘浮在这种无限的虚空之中，自然就能自由地运动。由于天无形，只是气，因此这个理论彻底解决了天为何不会塌下来的问题。

东晋时期的虞喜是“宣夜说”的代表之一，他的著作《安天论》在解释宇宙结构方面继承了宣夜说，认为天与地都是“常安”的。

“宣夜说”还认为，气是星球运转的动力，在没有认识到万有引力的古代，中国的古人能有这样的思想，已经是很不易的了。尽管“宣夜说”在历史的长河中只闪耀了那么一阵子，但其关于宇宙无限的思想，在当时来讲是非常先进的。

中国古人对宇宙的理解有不同学说，与西方人不同的是，中国的天文学家并不介意是“地心说”还是“日心说”。在中世纪的欧洲，“地心说”垄断了整个市场，甚至成了宗教权威，任何提出相反意见的人都会被视为异类。反观中国，这样剑拔弩张的状况就要好很多。

古代中国人出于将宇宙万物看作不可分割的整体的有机自然观，认为所有事物是统一的，彼此可以感应，天人之间也是如此，天与人的关系并不单纯是天作用于人，人只能听天由命；人的行为，特别是帝王的行为或政治措施也会作用于天。皇帝受命于天来教养和统治人民，他若违背了天的意志，天就要通过奇异现象来提出警告；皇帝如再执迷不悟，天就要降更大的灾祸，甚至另行安排代理人。这样，天就具有自然和人格的双重意义，天文观测，特别是奇异天象的观测，就不单纯是了解自然，还具有更重要的政治目的，天文也就成为统治的一部分了。

大约在公元前两千年，古代中国就有了天文台的设置；到秦始皇的时候，皇家天文台的工作人员就有三百多人，它不但规模宏大，而且持续时间之久，也是举世无双。正如日本学者薮内清所说："在欧洲，国立天文台17世纪末才出现。在伊斯兰世界，没有一个天文台的存在超过300年，它常常是随着一个统治者的去世而衰落。唯独在中国，皇家天文台存在了几千年，不因改朝换代而中断。"

▶ 第二章小结

1. 中国古人对宇宙的理解主要有“盖天说”“浑天说”与“宣夜说”三种。

2. 相比于古希腊，中国古人的天文学观念是务实的，更侧重政治上的需求与对农业生产的指导。

3. “盖天说”强调天尊地卑，“浑天说”对天与地的认识更为平等一些。

4. “宣夜说”在中国历史上一直处于小众的位置，但它提供了宇宙无限大的思想，是古代最超前的一个天文学学说。

第三章

“地心说”的垄断

宇宙中心

辉煌灿烂的古希腊文明最终还是毁灭了，但它也给世界留下了珍贵的精神财富。古希腊人好思辨，而古罗马人则要务实得多，古罗马人甚至认为希腊的灭亡就在于他们整天都在思辨，思辨对于古罗马人来讲，就像是致命的精神鸦片。然而，最终古罗马也走向了灭亡，随之西方世界陷入了一千多年的黑暗时期——中世纪。

纵观整个罗马时期的天文学，托勒密是其中最为耀眼的光芒，他的“地心说”后来被教会奉为了不可动摇的权威经典，这一切究竟是托托勒密生前未完成的心愿，还是教会的一己之私？为什么教会独爱“地心说”呢？

在通往科学的道路上，人类是否一帆风顺呢？走错的路，还有意义吗？

托勒密体系是自创还是整合？

古希腊文明是人类历史上的一座宝库，尽管整个希腊世界在伯罗奔尼撒战争的内战中走向了衰落，但其为后世留下了思辨与理性的光辉。希腊世界日薄西山之后，在希腊北部崛起了一个新的帝国，它就是马其顿。马其顿经由国王腓力二世和其子亚历山大大帝两代人的努力，逐步征服了整个希腊地区，亚历山大大帝更是开启了东征，征服了希腊的宿敌波斯。

不过，“其兴也勃焉，其亡也忽焉”，亚历山大大帝建立起来的马其顿帝国寿命非常短暂，在他去世之后，他的整个帝国也在顷刻间分崩离析。

公元前323年6月10日，亚历山大离开了人世，距他33岁生日还有一个月的时间。自从他21岁开始东征起，就再也没有回过马其顿或希腊，他死在了美索不达米亚。

在亚历山大临死前，有人问他：“这个帝国，你准备交给谁？”

亚历山大喘着气说：“交给更优秀的人。”

后世历史学家猜测，可能是这个时候的亚历山大已经没有力气思考和说话了，毕竟，他的死亡来得如此迅速，而且才刚刚过了而立之年，或许他还从来没想过自己的身后事。

一开始，大家都在思考“更优秀的人”是谁，后来慢慢地，每个人都在想，那个“更优秀的人”不会是我吧？

于是，从亚历山大去世到公元前270年，马其顿帝国内部相互讨伐了半个多世纪。原先统一的马其顿帝国一分为四：

1. 塞琉古建立的塞琉古王朝，其中包括叙利亚、美索不达米亚、波斯在内的从地中海到中亚的大片土地；

2. 由托勒密在埃及建立的托勒密王朝；

3. 安提格纳斯的子孙们统治的马其顿王国，这个王国将马其顿和希腊其他地域置于自己的统治之下；

4. 以帕加马为首的几个小亚细亚小王国。

我们主要来看托勒密王朝。

托勒密是亚历山大手下的大将，被安排在了埃及。后来随着帝国的瓦解与分裂，托勒密便在埃及建立了自己的帝国。

这个王朝的后人中有一个也叫托勒密的人，他是古罗马的天文学家和数学家，奠定了影响欧洲历史一千多年的“地心说”。

虽然托勒密的“地心说”在后来被证明是错的，但他的

所有理论都很尊重当时可以观测到的事实。今天的我们在回顾历史上那些错误的理论时，大都抱有一种轻视的态度。实际上，科学史上每一次出现过的理论，即使后来被证明是错的，但在当时的历史环境中，有其特有的价值与意义。托勒密体系以“地心说”为基础，通过添加本轮与偏心轮的概念，可以很好地解释天体运行的规律。

在托勒密之前的时代，其实亚里士多德的“地心说”与阿里斯塔克的“日心说”是处于并存的状态，二者分庭抗争了近500年。后来人们之所以抛弃了“日心说”而选择了“地心说”，正是因为托勒密体系解决了一个世纪难题，即行星逆行的问题。

简单来讲，根据长时间的观测，以地球为参照点，行星在夜晚自西向东缓慢运行。但有时会出现奇怪的现象，因为火星距离地球近，这种奇怪的现象更为突出。有一段时间，火星看上去就像是不动了，甚至出现倒退的运动现象，隔了一段时间后又恢复了正常。这种倒退运动就是行星逆行。

如果继续坚持“地心说”的模型，那么这个行星逆行就是一个很好的反例，当时的人需要对此做出解释。托勒密在此基础上，用他的理论，只要添加几个本轮就可以解决行星逆行的难题。

当然，托勒密体系也有其自身的局限，它不能很好地解释天体看似匀速的圆周运动，在这方面遇到了一些困难。但它尊重现实，在同时代的理论中，显得尤为出色。

《至大论》是托勒密于约公元150年发表的著作，内容翔实，极具科学性。全书共有13卷，700多页，对火星、金星、太阳等天体进行了单独的研究。在这本书中，托勒密以地球为中心，假设了五个行星运行的基本原则：

1.所有的天体所在的空间都是球形的，且运动轨迹也是球形。

2.地球是一个球体。

3.地球在宇宙的中心不远处，但并非正中心。

4. 地球并不是最大的天体，它的体积可以通过数学计算出来。

5. 地球是静止的。

无论是“地心说”还是其所用到的数学工具，其实都不是托勒密独自创立的。托勒密所做的工作，无非是将这些前人的理论做一个统合，将这些粗糙的概念，发展成一个精密的体系。在托勒密之前，人们对天文学事件的预测，更多是模糊的，只有一个大概的框架。而托勒密之后，人们根据其体系，可以更为精确地对天文学事件进行预测与解释。

托勒密认为地球位于宇宙中心的不远处，且静止不动，这是他继承了亚里士多德的学说。然而若是细心一点，我们会发现他还是做了一些改动。亚里士多德认为地球位于宇宙的中心，但托勒密通过数学计算发现，地球并非是在正中心，而是在中心不远处，距离中心很近。不过，将其体系仍然称为“地心说”也并无任何不妥之处。除此之外，当物体在做自由落体的时候，总是垂直下落。当时的人没有惯性的概念，因此理所当然地认为地球静止不动，否则自由落体中的物体就会斜着下落。如果地球在旋转运动，那么整个地球上的物体都会乱糟糟一片，到处飞来飞去。当时的人一想到这点，就会觉得很可笑。

在托勒密体系中，最让人头疼的还是他有关本轮与均轮的描述。在该体系问世后，后人沿着这条道路，不断添上新的本轮与均轮，使该体系不断符合越来越新的观测。这些概念也并非托勒密首创，古希腊天文学家阿波罗尼为了解释天体同地球之间距离的变化，最早提出了本轮、均轮的概念，喜帕恰斯在此基础上确定了本轮与均轮的大小，并为了解释春分到秋分同秋分到春分长度的不相等，提出了偏心圆的概念。

我们以火星为例，火星沿着一个点转动，也就是图中的

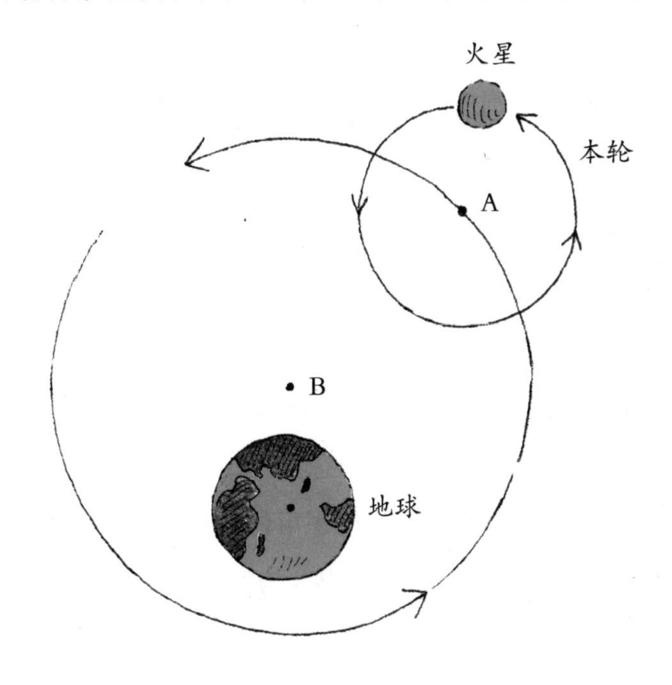

A点。火星运动轨迹形成的圆形，被称为本轮。当然，除了主要本轮之外，还有次要本轮。我们都知道，行星运转的轨迹其实都不是正圆形，而是椭圆形，为了让理论与观测结果相符，这套体系就不断有新的本轮被添加进来，以至于到了哥白尼时代，这套体系复杂到要花很多精力才能弄懂的程度。

本轮的圆心，也就是A点，沿着一个半径很大、以点B为圆心的圆圈运转，这就是均轮或偏心圆。至于具体是均轮还是偏心圆，取决于点B与地球的位置。如果点B刚好与地球的中心重合，则是均轮，反之则是偏心圆。

如此一来，行星既在本轮上做圆周运动，又跟随本轮中心在均轮上做圆周运动。因此从地球上看，各个行星的运动就不规则了。托勒密的体系有一个很大的特点，有很强的灵活性，可以为了实际需要而在其中添加新的本轮与均轮，只要改变其中各组成部分的大小、运动速度和运动方向，就可以产生大量的不同运动。因此，托勒密体系具有很旺盛的生命力。后来，就连托勒密自己也感慨道，推动这些行星本身的运行，似乎远比了解它们复杂的运动还容易些。

托勒密始终认为自己的宇宙体系并不具有物理真实性，而只是一个计算天体位置的数学方案，然而他的体系在日后却被视为不可怀疑的真理，正是因为其有关“地球不动”的观念符合基督教中的信仰，这不得不说是一次科学史上的弄巧成拙。

“地心说”之所以在后来一跃而上，成了天文学中主流的解释，在西方文明中屹立不倒近15个世纪，是因为人类头脑中以自我为中心的思维定式。

教会在一开始反对托勒密体系，因为该体系认为地球是球状的。后来，教会慢慢发现，“地心说”对他们有利，于是转而支持托勒密体系，这是“地心说”之所以被垄断的政治原因。

停滞的时代

在古罗马帝国后期，庞大的帝国一分为二，西边以罗马为首都，被称为西罗马帝国；东边以君士坦丁堡为首都，被称为东罗马帝国，抑或是拜占庭帝国。

公元476年，西罗马帝国宣告灭亡，东罗马帝国在东边继续苟延残喘了近千年，于1453年被奥斯曼土耳其帝国攻灭。

西罗马帝国灭亡后，西欧逐渐进入了漫长的中世纪。在这一时期，尽管基督教会保留了古希腊的理性，却一直处于黑暗时期，科学得不到任何进展，甚至出现了倒退，人类的思想被抑制在了神学的框架之下。

人们匍匐在神的光辉之下，独立思考已变得不再可能。当时的教会认为，上帝已经将这个世界所有的真理与知识都写进了《圣经》之中。因此，人们围绕着《圣经》展开了一系列的讨论，提出了在今天看来无比荒谬的问题，比如“一个针尖上可以站几个天使”“上帝能否创造出一块他搬不动的石头”等。

当权威成了永恒的真理，所有通往其他道路的路口都被

堵住。西方人在只能服从教会的环境下度过了整个中世纪。人们要想获取什么知识，不是凭借自己的智力推测与实验结果，而是去翻以前的书，一开始是《圣经》中怎么说，人们就怎么信。后来神学家托马斯·阿奎那将亚里士多德的哲学思想融入基督教中后，人们便又去寻找亚里士多德是怎么说的。似乎，只要是亚里士多德说的，那就是正确的，不容怀疑的。

随着从拜占庭帝国以及阿拉伯人手中带回了曾经被遗忘的古希腊与古罗马著作，西方人就像打开了一扇新世界的大门，文艺复兴时期到来了。

所谓的文艺复兴，是指要复兴古希腊与古罗马的光辉岁月，不仅仅是文学与艺术上的复兴，更是科学、哲学与思想的复兴。但西方人也不是将古典时期的著作照搬过来，而是在其基础上再次创作。

没有什么道路是永远光明的，在通往科学的路上亦是如此。有的时候，黑暗不是真的黑暗，仅仅只是黎明到来前的沉寂。

在人类通往科学的康庄大道上，托勒密体系在天文学的发展上是一条必经之路，如果有外星人，当我们翻开他们的历史时，也会发现，他们的早期科学也必定是以自己为中心的。爱因斯坦曾说过："在科学上，每一条道路都应该走一走，即使发现一条走不通的道路，也是对科学的一大贡献。"

科学发展的规律是不断证伪之前的学说，从而建立新的学说。科学体系是一系列自洽观点的集合，而不是一两个独立的观点或假说。从古希腊到古罗马，再到中世纪，我们发现科学的发展虽然在很大程度了偏离了今天的体系，但在这个过程中，人们不断解决旧的问题，尽管这也会带来新的问题，科学的发展一直以来就是这样，不断迭代前进。很多时候，新的理论的建立，源于一系列的偶然因素，或当现有的理论已经很难再解释新发现的问题时，新的观点才会在某些智慧的头脑中产生。

▶ 第三章小节

1.托勒密提出的“地心说”，并非是他的首创，而是整合了前人的观点。

2.托勒密并不认为自己的理论是真理，而只是数学上一个计算天体位置的方案。

3.将托勒密体系奉为不可撼动的真理地位的，并非他本人，而是基督教教会根据自身需要确定的。

4.西罗马帝国灭亡后，西方进入了近千年的中世纪时期，在这一时期，思想发展几乎陷入了停滞，一直到文艺复兴时期才迎来改变。

第四章

“日心说”的逆袭

日心说
地心说

随着文艺复兴的到来，中世纪的黑暗便也渐渐远去，很多旧的观念被不断推翻与重建。“地心说”也遇到了有史以来最严峻的挑战。我们从小就听老师讲过，哥白尼提出了“日心说”，这被视为科学战胜了愚昧的历史标志性事件。事实果真如此吗？

“日心说”与“地心说”相比，有哪些进步又有哪些雷同呢？

哥白尼为何迟疑不决

1543年5月24日，躺在病榻上的尼古拉·哥白尼奄奄一息，连话都说不出来。他费力地拿起了一本书，伴随着不断颤抖的双手，他的眼眶早已被泪水打湿。幸运的是，他终于在弥留之际收到了自己的著作。临终之前，他的手一直紧紧握着这本书。这本书差点就跟着哥白尼一起进入了坟墓。

这是一本影响了人类天文史的重要著作——《天体运行论》，共有6卷，总计131章，堪称一部划时代的辉煌巨著，也是哥白尼的毕生之作。哥白尼的名字，从小就在我们的课本上出现，因为他改变了盘踞在人们头脑中长久以来错误的宇宙观，用“日心说”取代了托勒密的“地心说”。他是真理的代表，是科学的进步，亦是希望的化身。然而，细究一下，我们会发现，这两个体系有着很高的相似性，两者都认为行星运转的轨道是正圆形以及行星运转的速度是匀速圆周运动。

我们长久以来的观念认为哥白尼比托勒密正确且高明，但上一章也说了，托勒密体系之所以在一千多年的时间里占据主流的位置且不容怀疑，更多是教廷的因素，他本人并不认为自己的体系就是绝对的真理。已故科学家霍金在他的代表作《大设计》中也有提到，无论是托勒密的“地心说”还是哥白尼的“日心说”，只不过是视角不同而已。

简单介绍一下哥白尼。他出生于1473年，就在拜占庭帝国倒塌20年后，这位波兰的天文学家、数学家、教会法博士、神父来到了这个世上。

哥白尼的家境不错，算不上贫苦。与伽利略一样，他从小就是一个好奇宝宝，对大自然充满了兴趣。早年父亲去世后，他由舅舅抚养长大。舅舅是一名主教，因此希望自己的外甥长大后也能成为一名神职人员。

1491年，舅舅将哥白尼送到了克莱考大学读书，这所大学是当时欧洲的学术中心，以数学和天文学闻名，哥白尼也因此对天文学产生了兴趣。1496年，23岁的哥白尼来到了意大利求学，在博洛尼亚大学和帕多瓦大学攻读法律、神学和医学。后来，他又在费拉拉大学获得了神学博士学位，也就在这期间，他接触了古希腊阿里斯塔克关于“日心说”的学说，头脑中有了“日心说”的概念。

1500年，哥白尼前往罗马参加天主教的百年祭典活动，在罗马待了一年。在这一年中，他做了很多次天文学观测，与同行们一起交流经验心得。这一年可以说是他一生中最重要的一年，日后他在撰写《天体运行论》的时候，就采用了公元1500年11月在罗马观测到的月食记录。

1506年，哥白尼回到了波兰，在舅舅身边当秘书和医生，据说他的医术也非常高明，经常受到人们的称赞。1512年，舅舅去世，哥白尼定居弗伦堡，从此有了更多的精力研究天文学。

大约在哥白尼40岁的时候，他头脑中的想法越来越成熟，从而提出了著名的“日心说”，当时整个世界，尤其是宗教内部都认为地球才是宇宙的中心，古希腊时期的亚里士多德和托勒密也如此认为。而且，“地心说”非常吻合《圣经》中的教义，处于统治地位的教廷便竭力支持“地心说”，把“地心说”和上帝创造世界融为一体。因而“地心说”被教会奉为真理，长期居于统治地位，不容置疑。

哥白尼后来也承认，他从小是读着托勒密的理论长大的。托勒密的宇宙模型经过了一千多年的修修补补，已经到了非常烦琐的地步，甚至，为了处理一个行星的运动，就要

涉及40个至60个本轮。

在《天体运行论》完成之前，哥白尼就在他的小册子《纲要》中欢呼过："看呐！只需要34个圆就可以解释整个宇宙的结构和行星们的舞蹈了！"

实际上，哥白尼添加了很多小本轮，并不比托勒密的简洁，甚至更为烦琐，在解释与预测方面也没有比托勒密体系更好。

当时有人对"日心说"提出了两点反驳，哥白尼对此都找不到合理的解释。其一，如果是地球绕着太阳转，那么为何观测不到恒星的周年视差呢？其二，如果地球是在自转，那么我们朝着天空笔直扔一块石头，它应该落在偏向上抛位置的西边，而非原地，然而在日常生活中，我们并没有发现这样的现象。

这两条反驳的理由，直到哥白尼去世后才逐渐得到了解释。最先得到解释的是第二点，简单来讲就是因为石头拥有惯性。第一点是由于人类发明仪器的精度不断更新迭代，终于在19世纪观测到了恒星天鹅座61的周年视差。

客观来讲，哥白尼的"日心说"在当时几乎找不到任何一条可以证明的证据，而反对哥白尼学说的理由还一条也未被驳倒。

总的来讲，哥白尼的这场革命，是属于“新柏拉图主义”的形而上学，是哲学的，而非实验的。开普勒非常支持哥白尼的学说，也并非因为手中握有决定性的证据。实际上，在有证据出现之前，越来越多的人选择相信哥白尼，不是因为证据有多强硬，而只是一种感觉，一种“偏见”。

开普勒与伽利略是基于哲学理论而接纳了哥白尼的学说，后来开普勒曾鼓励伽利略说：“先接受这个学说，再齐心合力将转动的马车拉到目的地。”

哥白尼虽然在意大利留过学，但他一生中的绝大多数时间都生活在祖国波兰，当时的波兰，并不太平，在他的一生中，波兰国境内至少进行过300次宗教裁判活动。

因此，虽然哥白尼早在中年时就已经写成了“太阳中心学说”的提纲——《天体运行论》，但是直到他去世前夕，才敢将其出版。

在该书的序言中，哥白尼写道：“在漫长的岁月里，我曾经迟疑不决。”这样的心情，与300年后达尔文写《物种起源》时的心情如出一辙。

但是大家需要注意的是，哥白尼是一名虔诚的天主教徒，在该书出版之前，哥白尼也确实受到了当地宗教的打压与排斥，甚至就连当时的宗教改革运动家马丁·路德都抨击道:“这个傻瓜，想要推翻整个天文学。”

因此哥白尼本人对自己著作的出版是迟疑的，晚年时，他预感到自己时日无多，便将几十年来的心血，即《天体运行论》的手稿交给了一位主教朋友，后来这位朋友又交给了莱比锡的一位出版商A.奥西安德尔，几次流转之后，该书终于出版了，但被修改了一些内容，使之符合当时旧有的观念。

1541年，教会知道该书将要出版，开始讨论对策，其中一名红衣主教献策:“我建议不要理睬这种渎神的言论，因为既然恶魔已点了火，你再去给它煽风，火就会烧得更大。最好是不闻不问。”

教皇利奥十世非常赞赏这个建议，因此哥白尼的著作出版70余年都没有受到教会的明令禁止。其实最初，利奥十世在听到了哥白尼的学说后，非常感兴趣，曾让一位红衣主教写封信给哥白尼，要他示范证明其假说。当时，这种学说在教皇宫廷内确实没受到非常严厉的反对。甚至有部分人认为它很有趣。

哥白尼体系的建立

哥白尼体系与托勒密体系有很多相似之处，只是其中太阳和地球的位置发生了对调，同样都有很多本轮与均轮。两人所面对的经验事实也是一样的，但毕竟两人生活的时代相差了近1400年，在这漫长的岁月中，望向的是同一片天空，面对的是同一个太阳系，但观测数据并不是完全一样的。

任何科学理论都只是一个模型，用来预测和解释相关数据。从这点上来看，两个模型都很不错。要知道，没有一个理论是完美的，也没有一个理论是永远正确且永远不变的。如果我们要预测一年后的今天晚上，火星将会出现在哪个位置，或者预测未来十年中，夏至具体在哪一天，这两个体系给出的答案都很接近，而且都能与事实相符。

托勒密体系在解释行星逆行的时候，为每个行星套上了主要本轮，这个问题也就解决了。但在哥白尼体系中，如果我们将中心从地球换成太阳，那么这个问题就不需要添加额外的本轮就可解决。我们以火星为例，在太阳系中，地球距离太阳的位置排在第三名，火星排在第四名。根据哥白尼分析，地球绕太阳转两圈时，火星则只能围绕太阳转一圈。因此，地球每两年可以追上火星，而后超过它。在地球经过火星的这段时间里，以地球为观测点，火星就像是在倒退逆行。经过一段时间后，火星才在我们的视野中恢复了原状。

尽管哥白尼拉开了一场天文学上的革命序幕，但他的头脑中依然萦绕着那些根深蒂固的想法。在牛顿的惯性定律和引力的概念未成形之前，就连哥白尼也很难想象如果地球高速运动起来将会发生什么。

在描述星体运动的状态上，哥白尼依旧保持着古希腊人对匀速圆周运动的痴迷。他认为自己是一个几何理性主义者，因此难以理解天体运动为何会不规律，夏天与冬天为何会不一样长。他将星体的运动描述成一种平均运动。在这方面，他或多或少沿袭了亚里士多德的结论，认为圆周运动总是均匀且不停息的，因为它的动力不会衰减。在《天球运行论》中，他说“整体做圆周运动，部分做直线运动”。

理论上，太阳系内的星体绕着太阳做匀速圆周运动，如果现实观测中发现星体的运动并非如此，只要将托勒密体系中的本轮与均轮借用过来，套上几个圆圈，亦能将实际观测与理论完美契合。

哥白尼还引入了运动的第三重概念，地球不仅自转与公转，还有轴转。轴转也被称为倾角运动，方向自东向西，与地球公转与自转自西向东完全相反。显然，倾角运动只是哥白尼的假设，不过这可以解释为什么身处在地球上的我们感受不到地球在动。

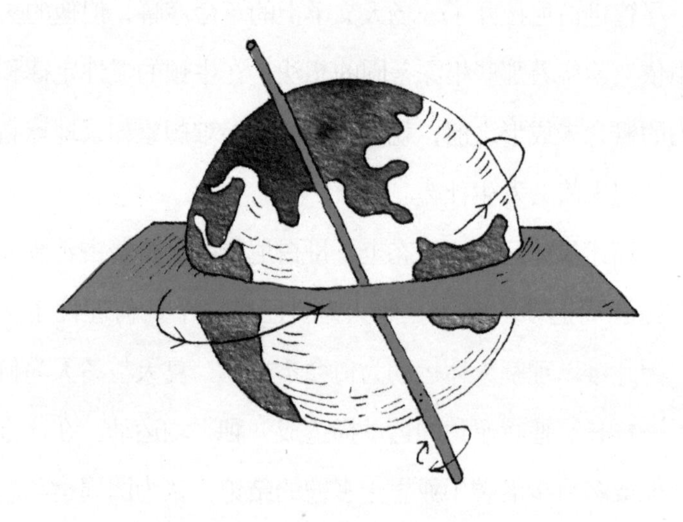

哥白尼体系与托勒密体系实际上并无实质性差别，那么哥白尼为何终其一生都在坚持自己的理论呢？

其中自然有哥白尼身为一位科学家对真理的追求，但也与当时的整个西方社会环境有关。很多学者都认为与当时的“新柏拉图主义”的哲学思潮有关。简单来讲，“新柏拉图主义”就是一种基督教化的柏拉图哲学，其最重要的特点是关注知识的形式而非内容。

比如在现实世界中，我们不可能见到一个真正的圆，所有现实中见到的圆形的物体，都是带有瑕疵的，因为圆的大小和面积与 π 有关，而 π 是一个无限不循环小数。因此，有关圆的知识只是一种形式的存在。根据柏拉图的观点，这种永恒形式不仅涉及数学整理，还涉及“更高”的形式，其中最高层次的形式是至善的形式。

柏拉图在他的著作中，总是用太阳来暗喻至善，认为太阳是所有生命的来源，至善的形式也是所有知识与真理的来源。中世纪之后，文艺复兴以来，西方神学家将柏拉图的理念与基督教的精神合二为一，认为这种至善的形式等同于基督教中的上帝。

新柏拉图主义在16世纪的时候广受西方知识界的欢迎，那是哥白尼生活的时代，更何况他不仅是一名科学家、天文学家，还是一名神父。

因此，正是当时的环境，促成了哥白尼开始研究“日心说”的可行性，而且与长久以来占据主流位置的“地心说”并无本质性的矛盾。

既然这两个体系都差不多，只不过是太阳与地球的位置发生了变化，那么为什么哥白尼体系会逐渐受到社会的承认呢?

这其实也是一个有意思的话题。

在那个时代，在人们还未理解惯性定律，几乎所有肉眼可观测的证据都指明了“地球静止不动”，哥白尼的理论要想得到社会大众的认可，是绝无可能的。

然而，在哥白尼去世几年后，他的著作被人们广泛接纳。造成这一现象的原因之一，是开普勒与伽利略等人的支持，他们的支持更多是一种情感上的偏好，并非是因为有足够多的证据可以让他们放弃托勒密体系。

另一个原因可能很偶然，与当时的天文学制作表有关。在当时来看，人们急需一套新的天文学表格，最近的一套表格成于13世纪，已经过去了几百年，有些旧得不合时宜了。当时制作新的表格的天文学家，刚好以哥白尼体系为基础。由于哥白尼体系与托勒密体系不分伯仲，而这位天文学家恰巧选择了哥白尼体系，这就使得哥白尼体系得到了有效的推广。后来人们不断验证，发现哥白尼体系在预测方面并没有什么大的硬伤，也得以让其进一步巩固了地位。

很快，哥白尼体系就在欧洲各大学里被广泛传播与应用，但在当时的人看来，这仅仅只是一种出于对实际研究的需要，而不是对真理的追求。人们更多只是把其当成一项实用的工具。因此，在16世纪末，哥白尼体系与托勒密体系两者并存，一些强烈反对者反对哥白尼，也只是出于宗教原因，而非实际经验。

布鲁诺因何而死？

一直以来，乔尔丹诺·布鲁诺都被认为是科学的殉道者，因为他坚持“日心说”而被教会处以火刑，这场著名的官司很早就已经有了定论，然而，事实真是如此吗？

首先我们简单回顾一下布鲁诺的生平。

布鲁诺出生于1548年的意大利，距离哥白尼去世和《天体运行论》出版已经过去了五年。

17岁那年，布鲁诺进入了那不勒斯的一个修道院，并在那里发现了一个图书馆，他如获至宝，在里面汲取各种各样的知识。在这期间，他的哲学观在初步形成期，其哲学思想非常细碎且广博，在他的著作中，可以看到几乎每一个先哲的影子，甚至还有东方神秘主义的色彩。

1572年，布鲁诺接受了神父的职位，但他一直感到困惑，上帝怎么可能是三位一体的呢？无论是用什么公式，神父怎么能把面包和酒化为基督的身体和血液呢？面包就是面包，怎么可能是耶稣的肉呢？因为这些原因，院长曾批评过他，但他克制不住自己的疑问，头脑中总会冒出一些奇奇怪怪的想法。

后来，他逃离了修道院，开始在欧洲流浪。据说他记忆力惊人，又很博学。法国国王亨利三世听说后对他很感兴趣，邀请他前往法国，并指派他为法国的教授。亨利三世之前对他并不了解，当时的整个社会背景是文盲居多，因此但凡识点字、读过几本书的人都会得到别人的尊敬，亨利三世更多也是因为好奇心的驱使才对布鲁诺产生了兴趣。

布鲁诺来到法国后，每天都在指责教会，说的话很难听，国王对他的观感也就越来越差了。后来他想去英国，亨利三世求之不得，赶紧让这个讨厌鬼收拾行李走人。

布鲁诺来到英国后也不满意，于是重新回到巴黎继续讲学，此时的他已激起了教会的敌意。后来，法国与神圣罗马帝国的战争爆发，他便跑到了德意志地区，试图为自己寻找新的归宿。

当时的欧洲宗教改革刚开始，从传统的天主教中又生出了一个新的派系——新教。传统的天主教主张自上而下的中央式管理，新教则主张凭借个人的努力，与上帝直接对话，不需要教会作为媒介。然而，新教的改革思想并未能留住他，布鲁诺请求神圣罗马帝国皇帝鲁道夫二世的赞助，虽然鲁道夫很讨厌他，但还是给了他一些钱。他随即加入了路德宗派，但随后又被路德宗派开除。

布鲁诺的哲学思想在当时是惊世骇俗的，他认为，在这个宇宙中，地球只是很小的一部分，在其他行星上，也有生命。宇宙的无限大，让他无法设想一个结束，也无法想象一个开始，这就颠覆了《圣经》中的“创世说”和“末日说”。而且，他认为地球以及天上的一切，也都不会是静止不动，这又与亚里士多德的观点相距甚远，因为亚里士多德认为地球是静止的。

柏拉图与亚里士多德是古希腊的哲人，表面上与基督教并不相容。甚至在古希腊世界辉煌不再之后，这两人被西方人遗忘了很久。在漫长的中世纪，西方世界发动了数次十字军东侵，将保留在拜占庭帝国以及阿拉伯世界的古希腊翻译著作带回了欧洲，柏拉图与亚里士多德才重新出现在了欧洲人面前，并被基督教会所吸纳。

在古罗马时期，神学家圣奥古斯丁已经将柏拉图的理念融入到了基督教之中，托马斯·阿奎那则是中世纪经院哲学的代表，他的著作《神学大全》是基督神学的重要代表，正是他将亚里士多德的学说与基督教融为一体。自他之后，亚里士多德成为了教会的左膀右臂，当时谁反对亚里士多德，也就等于反对教会。

布鲁诺完全就是一个神秘主义大师，他心目中的“神”比基督教中的上帝还要全能，在无垠的宇宙中持续发挥无限的潜能，且不容辩驳。他还认为，亚里士多德和其追随者的堕落预示着真理的黄金时代即将回归。

不过，他的思想也并非全是那么激进的东西，他认为人类历史是不断变化和前进的。他反对那种把远古社会美化为“黄金时代”的观点。他主张社会变革，但反对用暴力手段去改造社会，他把理性和智慧看成是改造社会、战胜一切的决定力量。

他的唯物主义思想和多神论思想不仅让罗马教会恨之入骨，就连宗教改革派也觉得这人绝对是个疯子。

在教廷看来，布鲁诺越来越妖言惑众，于是他被抓了。

这场针对布鲁诺的审讯，前前后后加起来有八年的时间。八年中，教廷对布鲁诺的指控也逐渐加重。首先，指控其“异端邪说”罪，包括拒绝接受诸如“三位一体”等宗教教义；然后，指控其从事诸如炼金术、巫术和灵魂转生等占卜活动；最后，还指控他的错误宇宙观。诉讼时间越久，他的罪名也就越多。

实际上，布鲁诺并非没有生还的可能，只要他乖乖认罪，并道个歉，表示自己以后不再乱说话了，教廷也不会一定要让他死。但布鲁诺是一个铁骨铮铮的汉子，没有低头。审讯官换了一个又一个，却无人能改变布鲁诺的想法。

教皇亲自来见布鲁诺，给了他最后一次机会，他却说：“我毫无畏惧，什么都不会撤回，因为我无可撤回。”

1600年2月6日，宗教裁判所判处了布鲁诺火刑，当他得知自己的宣判书后，义正词严地说道：“你们对我宣读判词，比我听判词还要感到恐惧”。

行刑前，刽子手举着火把问布鲁诺：“你的末日已经来临，你还有什么想说的吗？”

布鲁诺说道：“黑暗即将过去，黎明即将来临，真理终将战胜邪恶！”

最后，布鲁诺高呼：“火，不能征服我，未来的世界会了解我，会知道我的价值。”

根据当时的宗教审判记录，布鲁诺并非只因为相信“日心说”而遭此厄运，甚至这些在教会看来，根本就不值一提。主要是他一系列的哲学思想被当时的人认为太激进，觉得难以接受。

所以，与其说布鲁诺是一个哲学家，不如说他是一个战士，或者说神秘主义大师更贴切一点。布鲁诺对于自己观点

的笃信是来自心底的信仰，而非科学实验，因此说他是严格意义下的科学家可能并不准确。

▶ 第四章小结

1. 哥白尼的“日心说”与托勒密的“地心说”有很多相似的地方，在解释数据与预测方面并无本质性区别。

2. 文艺复兴早期，西方的主流思潮是“新柏拉图主义”，该理念强调宇宙的和谐与统一。

3. 教会在很长一段时间里都默认了哥白尼的“日心说”，允许其作为一种假设性的存在，而非绝对的对立面。

第五章

两师徒的配合

开普勒
三大定律

第谷与开普勒是一对有名的师徒，但他们是两个截然相反的人，一个爱记录数据不爱分析研究，另一个则正好相反。尽管第谷并没有提出革命性的理论，但他为徒弟开普勒留下了大量翔实的天文学观测数据，为他日后提出“开普勒三大定律”奠定了良好的基础。

在古希腊时期被推崇的行星圆周运动被开普勒正式推翻，原来，行星围绕太阳的轨道并不是圆形，而是椭圆形，他是如何发现这一点的呢？

第谷：我只喜欢观测和记录

1572年或许是平凡的一年，在整个天文学史上却出现了非比寻常的一幕。11月，天空中突然出现了一颗奇亮的

恒星，人们从未在过往的记录中找到过它，便认为这是一颗新的恒星。它与太阳一同在天空中燃烧，就像一个巨大的火球，比夜晚的金星还要亮。

没有人能明白这意味着什么，更不明白为何它最终黯淡了下去。在观测的人群里，有一个年轻的丹麦小伙子详细记录了此次事件。在那个时代，再也找不出第二个像他这样对于天文事件拥有详细记录的人，他就是第谷·布拉赫。

哥白尼去世三年后的1546年，第谷出生于北欧瑞典克努斯特鲁普的一个贵族家庭，家中有五个儿子和五个女儿，第谷是长子，但从小由叔父养大。

1559年，14岁的第谷进入哥本哈根大学读书，学的是法律，但他的心思总是被一些自然界的东西吸引，比如天上的星星。第二年，他准确预测了一次日食。这一次的经历让他激动不已，第谷从此对天文学产生了浓厚的兴趣，准备全身心投入到这个令人痴迷的学科之中。他的朋友们纷纷劝诫他，让他专修法律，不要研究与专业无关的事，以后好歹还有份体面且相对稳定的职业。

第谷当然知道朋友们的劝诫是为自己好，可他仿佛觉得胸中有个小宇宙在莫名地燃烧，自己此生究竟是要过按部就班的生活，还是勇于追逐自己的梦想？

在激烈的碰撞之后，第谷毅然决然选择了自己心中的道路——那个小宇宙燃烧的方向。不过，当时的天文学教材非常稀少，学校里面也没有开设这门课，第谷想尽办法，自己研究起来。

第谷家境殷实，所以他才能不必考虑生计，如此优哉游哉地做自己想做的事。第谷为了增长见识，前后在四所大学都待过，尽管这些都不是叔父所想要的。

第谷痴迷天文学，将自己的钱都省下来，用以购买天文学书籍和仪器。1566年，第谷和一个丹麦贵族发生了争执，起因是与数学有关。后来，两人越吵越凶，干脆发起了决斗。结果，倒霉的第谷一不小心输了决斗，鼻子没了。从此他就戴上了一个假的鼻子，很多热衷于这类奇闻逸事的人认为第谷的鼻子肯定是使用金银铸造的，但是当1901年6月24日人们打开第谷的墓穴时，却发现他的鼻尖部位有绿色锈斑，这表明他那个假鼻子中铜的含量很高。

可能是因为自己鼻子的原因，第谷在观测天文学之余，还热衷于炼金术，难道他想从中炼出一个真鼻子来？

1572年，也就是这篇文章开头说的那一幕，当时的人们并不知道那意味着什么。第谷在他的笔记中写道：“晚饭前……我一边往家赶，一边观察夜空中的不同区域。当时的

夜空大部分晴朗，我想晚饭后也能继续观察；但意想不到的事情发生了。就在我头顶的夜空中，一颗奇怪的恒星不知道从什么地方突然冒了出来，它闪耀着明亮而炽热的光芒。我顿感惊愕，几乎呆住了，甚至开始怀疑自己的眼睛，心想这怎么可能。”

随后，第谷便使用自己发明的仪器进行了一系列的观测，前后用了一年半的时间，这颗恒星最终变得越来越暗。这一发现震惊了第谷本人和同时代的人，为什么？因为古老的亚里士多德认为，天上的恒星是永恒不变的，这次发现彻底动摇了亚里士多德的学说，开辟了天文学的新领域。

这其实是仙女座中一次超新星爆发，是一颗比太阳还要大的恒星进入了生命的尾期，这种爆发的光可以照亮整个星系。

随着第谷在天文学领域研究的进展，他也成了当时的一个名人。1576年，丹麦国王腓特烈二世大力支持第谷的研究，将汶岛赐予他作为新天文台台址，并许诺他一笔经费。于是，第谷在丹麦与瑞典间的汶岛开始建立“观天堡”。这是世界上最早的大型天文台，这里设置有四个观象台、一个图书馆、一个实验室和一个印刷厂，配备了齐全的仪器，耗资黄金1吨多。凭借着优越的设施条件，第谷与其他天文学家留下了对数千个彗星运行轨迹的精确记录。

第谷的一生，痴迷于观测与记录数据，却疏于理论研究。他不甘心屈于他人的理论之下，不过更有可能是因为他发现“日心说”并不能很好地解释自己记录下来的观测数据。

在哥白尼的体系中，地球做高速运动。第谷虽然承认哥白尼是“托勒密第二”，尊重他的研究，却始终难以接受这点，认为哥白尼体系违背了物理学原理。他总是在观测和记录，很少有机会去想一想新的理论。他能够想出来的理论，也是保守的，或许他不愿得罪托勒密与哥白尼两派的人。

第谷的宇宙体系比较奇特，它并不是托勒密的“地心

说”体系，也不是哥白尼的“日心说”体系，而是二者的结合——“日—地中心”体系。他认为，相较于托勒密，哥白尼的体系在某些方面要更好一点，尤其是在解释行星逆行方面。

在第谷体系中，月球和太阳绕着地球转，而其他行星，诸如火星、木星等，则围绕着太阳转。尽管地球依旧是宇宙的中心，且静止不动，但是其他行星运动的中心却是太阳。

第谷还继承了亚里士多德的“以太学说”，认为地球的构造要比宇宙中的其他物质沉重得多，因此它不可能在宇宙中做运动。不过，他也并非完全相信亚里士多德。以1588年《论新天象》的出版为标志，第谷矛头直指亚里士多德。在亚里士多德的理论中，无论是新星爆发还是彗星流星，都不过是大气层中的现象。但第谷在1572年仙女座超新星爆发的观测中，发现它距离地球很遥远，而且并不是一颗行星，其在天空中的位置始终没有变动过，这就彻底打破了亚里士多德的学说。

就在第谷去世后不久，望远镜时代到来，人们发现了更多的证据，都在表明至少某些行星是围绕太阳转的，这进一步提高了第谷体系的可信度。

在第谷生活的年代，古老的柏拉图与亚里士多德已经被欧洲教会收编，后者更是成了神一般的存在。人们在大学里讨论亚里士多德，研究亚里士多德，将他的学说奉为经典与不可置疑的权威。正是在这样的权威之下，不断有人跳出来反对亚里士多德，其中除了第谷，还有伽利略、培根与笛卡尔。因此在这一段时期，当我们翻阅当时人的书籍时，会看到亚里士多德被各界人士攻击。尽管亚里士多德的学说在今天的人看来有很多错误，但他依然是人类历史中的一大宝库，因为他的精神启发了一代又一代的智者。当时的人反对他，更多是反对他背后的权威。

面对第谷的质疑，亚里士多德的卫道士们采取了反攻，教皇钦定的伽利略著作审查官之一的齐亚拉蒙第，几十年之后还专门写了两部著作，直接否定第谷的观测结果。但那时的天文学已经在开普勒和伽利略的手中得到了更完善的发展，这位仁兄的两本著作，就没起到多大作用。

第谷在汶岛的天文台工作了20年，直到1599年腓特烈二世去世，他才不得不离开了那里，不过随后又受到了神圣罗马帝国皇帝鲁道夫二世邀请，去了布拉格，建造了一个新的天文台。

1600年，第谷认识了最出色的学生约翰内斯·开普勒，

尽管两人有着相左的观点，但开普勒一直很尊敬他的老师。这对师徒就像是两千多年前的柏拉图与亚里士多德，柏拉图说："亚里士多德反对我，就像小马反对母马。"而亚里士多德说："吾爱吾师，吾更爱真理。"

1601年，第谷去世，为后人留下了极其详细的观测记录，也为他的学生开普勒提供了部分关键的数据。而且从很大程度上说，正是因为获得了第谷的数据，开普勒才有可能奠定自己日后的研究。

开普勒：我更喜欢总结定律

约翰尼斯·开普勒是一个苦命的孩子，于1571年出生于今德国的巴登–符腾堡州。很多年以前，他的家庭是幸运的，祖父曾当过市长，但是仅仅过了一代，开普勒就家道中落了。他的父亲不得不去当雇佣兵，在他5岁的时候就离开了家，从此再也没有回来，牺牲在了荷兰反对西班牙统治的战争中。

开普勒从小就是一个孤独的孩子，尽管他还有两个哥哥和一个姐姐。他享受这份孤独，经常仰望星空，与其他做出过巨大贡献的人一样，他有一颗强烈且旺盛的好奇心。后来，他进入教会学校学习，但他对此并不感兴趣，一心一意想要研究自然科学，因此退出了学校，转而去学习数学。

开普勒拥有敏锐的洞察力，对数字较为敏感，具有极强的数学天赋。无疑，良好的数学天赋为其今后的研究打下了扎实的基础，也让他开拓了天文学的新领域，从而奠定了物理天文学的新纪元。

1594年，优秀的开普勒受聘于格拉茨大学，担任数学系主任。与第谷不同的是，开普勒更擅长理论研究，这得益于他丰富的想象力。

古希腊人对于这个世界的理解，更趋向于一种理性的和谐美。柏拉图和他的弟子们认为，这个宇宙中只存在五种正多面体，即五种由单一多边形构成的三维几何图形。如正四面体由四个三角形构成，立方体由六个正方形构成。这个观点在一千多年中一直是人们根深蒂固且无法抛弃的理念。

当时，人们凭借肉眼，只能认识到太阳系中的六颗行星，水星、金星、地球、火星、木星和土星。开普勒就在想，为什么只有六颗行星，而不是更多？上帝在创世的时候为何只制造了六颗行星？这里面必然有一种和谐美。

与后来的牛顿一样，开普勒也是一个自负的人。他的研

究动力除了自己的兴趣外，更多是为了要找到那个上帝创造世界的蓝图。他渴望能够读懂上帝的所思所想，并且认为自己就是那个被上帝选中的人。他后来在《世界的和谐》一书中宣称，上帝已经等了六千年，终于等到了能够搞清楚他的造物计划的真命天子。无疑，这个真命天子就是他自己。

开普勒将五种正多面体与六颗行星联系了起来。宇宙中的五个正多面体相互依据面数的升序排列，在各自之间规定了六个空间，每一个空间中就有一颗行星。

如此一想，便是一个完美的模型。开普勒为此欢呼雀跃，立即向符腾堡公爵提交了一份研究资金申请，想将这个

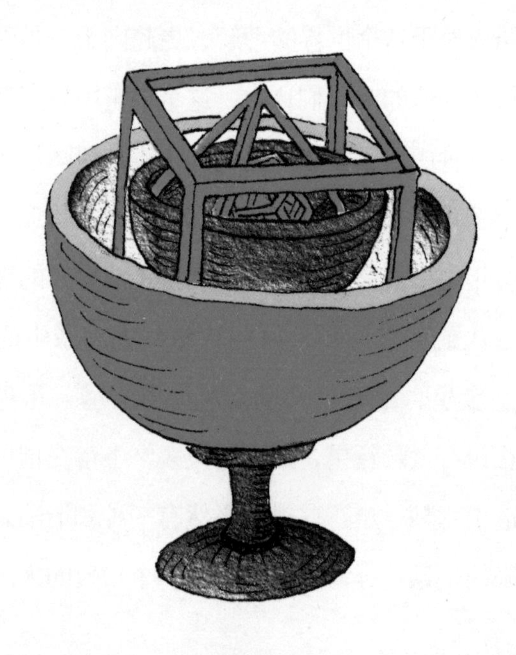

完美的模型计算出来。

尽管开普勒非常勤奋，但理论中的模型与行星的轨道始终无法完全吻合。他是如此痴迷于自己设想出来的模型，认为肯定是观测数据不够而导致的。目前的问题，只要有足够多的观测数据，再进行一些修改，想必就能呈现自己脑海中的理论。

放眼望去，谁能提供详尽的观测数据呢？

开普勒第一时间就想到了第谷，一次偶然的机会，他受到了神圣罗马帝国皇帝鲁道夫二世的邀请，前往布拉格与偶像见面。

幸运的是，第谷在弥留之际，将自己潜心多年观测的数据都交给了开普勒，并在病床上反反复复念叨着："……不要让我虚度此生……不要让我虚度此生……"

开普勒带着对老师的敬重与仰望接过了大量的观测数据，慢慢地他发现，这些更为翔实的数据依旧不能完美地契合他的理论。更何况，他的理论没有给月球留下空间，伽利略发现的木星的四颗卫星，更是给开普勒来了迎头一棒。

在研究火星多年后，开普勒坚信他已经推算出了火星的圆形轨道，但和第谷留下来的数据一比对，却发现误差很大。为此，他陷入了极度的沮丧之中，有如一直以来的信仰突然间崩塌了。

无疑，开普勒是一个真正伟大的人，就算是遇到了困难，在伤心难过一阵子之后便会重新起身，去寻找新的道路。正如尼采所言：“杀不死我的，终将使我更强大。”

开普勒打起精神，本着一颗科学家的心，抛弃了传统的圆形轨道观念，他曾在给朋友的信中写道：“我们一直相信宇宙比例和谐，但先入之见必须让位于事实。”

实际上，行星运动的轨道应该是椭圆形，而不是一直以来人们认为的完美的圆形。

有着良好数学底子的开普勒，开始计算火星轨道的坐标方程，并惊讶地发现，火星围绕太阳旋转时，在相等的时间内扫过的面积相等。以此类推，这一条定律不仅适用于火星，还适用于其他行星。

1609年，开普勒发表了《新天文学》一书和《论火星运动》一文，公布了两个定律：

其一，所有行星分别在大小不同的椭圆轨道上运动。太阳的位置不在轨道中心，而在轨道的两个焦点之一。这是行星运动第一定律（也叫轨道定律）。

其二，在同样的时间里，行星向在其轨道平面上所扫过的面积相等。这是行星运动的第二定律（也叫面积定律）。

这也就是说，越靠近太阳的行星，公转速度越快。（自转：自己转一圈。地球自己转一圈需要24小时；公转：绕着太阳转一圈。地球绕太阳转一圈需要365天。）

有了新发现之后的开普勒似乎有些急躁，或者说过于相信自己的想象力，他猜想，行星和太阳之间的平均距离一定存在某种未知关系。哦不！不是猜想，他是十分坚信！

可是，这是一条漫长的道路，无论开普勒如何计算，都得不出自己想要的答案。为此，他忙活了近17年，在这条路上始终一无所获。最终，他决定放弃了，可内心却有些不甘。他突然想到，自己很可能像之前一样，犯了先入为主的错误。

于是，开普勒又投身于计算之中，将各种可能性都算了一遍。他将行星间距离与公转周期同时平方或立方后进行推算，不行；再换成时间的平方与距离的立方，也不行。

难道说，一切都只是幻想吗？自己的理论只是海市蜃楼一般虚幻吗？

坚强的开普勒再次摔倒，又再次爬了起来。他在重新梳理了一遍思路后，继续计算。正所谓“山重水复疑无路，柳暗花明又一村”。这一次，他计算出来了，各行星绕太阳公转周期的平方和它们椭圆轨道的半长轴的立方成正比。

这个新的发现让开普勒欣喜若狂，他简直不敢相信，以为是在做梦。在仔细地核实后，他最终确信，自己又发现了一条不可思议的定律。第二年，1619年，他出版了《世界的和谐》一书，其中就提到了他的三大定律：椭圆定律、等面积定律、周期定律。

无疑，这是一场伟大胜利，亦是一次里程碑式的发现。

可能大家也发现了，开普勒与以往的天文学家有着很大的不同。如果说以往的天文学家都只是在做定性研究，那么开普勒做的就是定量研究。

行星围绕着太阳转，这是定性的；行星围绕太阳在相等的时间内扫过的面积相等，这是定量。

定性与定量看似只有一字之差，却有着天壤之别。美国物理学家卡约里在其著作《物理学史》中说："古希腊人在哲学、逻辑学、天文学、形而上学和文学艺术方面很有成就，但是，在科学，比如物理学方面，成就很小。"这并非危言耸听，尽管古希腊人为后人理解这个世界乃至整个宇宙提供了大量的灵感与思路，但他们始终停留在思辨层面。这倒也不能责怪他们，在他们那个年代，望远镜和显微镜都还没有被发明出来，人们凭借肉眼能观测到的世界，微乎其微。

如果我们对科学的研究只停留在定性层面，尽管这些思辨的理论能够自圆其说，但对科学的进步并没有多大的帮助。

近代科学之所以能获得质的提升，在于人们的研究从定性走向了定量。比如，对天气冷热的判断是定性的，但每个人的观感是不同的，有的人认为今天的确挺热的，但有的人会认为今天还算好，甚至还有一些冷，这是因为每个人对冷热的感知不同。如果我们的科学依然停留在这个层面，那么无论如何我们都不会有新的可持续的发展，甚至长时期停留在过去。

若是我们从定性走向定量，不再用个人的主观感受来衡量世界，而是用一个客观的数值来表示今天的温度，比如今天的平均气温是20摄氏度，那么接下去的讨论才有意义。我们知道行星围绕太阳转，但多久转一圈，行星距离太阳的距离又分别是多少，只有知道了这些具体的数值，科学才能绽放出其耀眼的光芒，对我们每个人也才会有指导性的意义。

定量，是一切学科成为科学的起点。

▶ 第五章小结

1.第谷是开普勒的老师，第谷更偏向观测记录，是实验式的，开普勒更偏向理论思辨，是数学式的。

2.开普勒的三大定律是牛顿万有引力的基石，这还得感谢第谷翔实的观测记录。

3.行星运行的轨道并非是圆形，而是椭圆形。

4.科学在这一时期迎来了较大的发展，主要是因为人们开始学会了定量分析。

第六章

近代物理学从伽利略开始

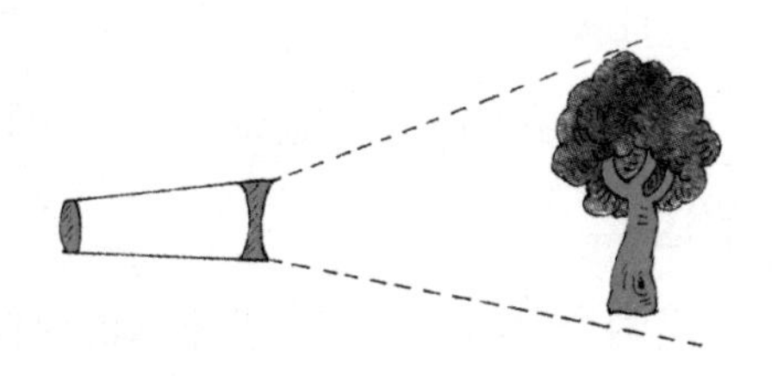

物理学发展到了伽利略这儿，迎来了一个小高峰。伽利略的研究与前人的研究究竟有什么不同呢？伽利略与亚里士多德的数次分道扬镳，是在哪里出现了分歧呢？如果仅仅只靠几个思想实验就可以证明亚里士多德的观点是错的，为什么这么多年来就没有一个人去尝试过呢？

与亚里士多德决裂：伽利略的思想实验

我们每个人从出生开始，就不断接收外界给我们的观念，其中有些观念是错的，如果我们不对其进行进一步的检验与思考，往往会让这些错误的观念伴随我们的一生，甚至影响我们的子孙后代。

一些常识也会欺骗我们，让我们对那些错误的观念习以为常。比如长久以来，人们都认为地球在整个宇宙中静止不动，那是在我们还不知道惯性定律的时候，我们会很自然地相信这点。

当两个物体从同一高度下落的时候，我们也会想当然地认为重的物体比轻的物体下落更快。在古希腊时期，亚里士多德凭借粗糙的经验得出了这个观点，自此之后，西方人便一直认为如此，几乎很少有人去怀疑其合理性。

一直到伽利略时期，这位科学巨人才扭转了盘踞在人类头脑中千年的错误观念。几乎每本介绍科学的书都会提到这位来自意大利的伽利略，在整个人类科学史上，他始终占有一席之地。甚至可以说，没有伽利略，也就不会有后来的牛顿。

1564年，伽利略·伽利雷出生于意大利比萨的一个没落的贵族家庭，他10岁的时候全家都搬到了佛罗伦萨，后来进入修道院学习。不过他的父亲希望儿子日后能过上相对富裕的生活，于是逼着他去学医。

伽利略17岁的时候，进入比萨大学学医，不过他的兴趣都在数学和物理学上，他当时还曾因为擅长辩论而闻名全校。

1583年，伽利略在比萨教堂里注意到一盏吊灯的摆动，随后用线悬铜球做模拟（单摆）实验，确证了微小摆动的等时性以及摆长对周期的影响，由此创制出脉搏计用来测量短时间间隔。

1592年，伽利略进入帕多瓦大学任教，这地方远离罗马，因此学术较为自由。也就在此期间，他深入而系统地研究了落体运动、抛射体运动、静力学、水力学以及一些土木建筑和军事建筑，发现了惯性原理，研制了温度计和望远镜。

现在我们知道，亚里士多德的很多观点都是错的，比如他认为，重的物体比轻的物体下落更快。这非常符合我们的直觉，但物理学的存在，一次又一次颠覆我们的直觉。

实际上，我们不需要像伽利略一样跑到比萨斜塔上亲自做一个实验，就可以证伪亚里士多德的这个结论。有关伽利略的比萨斜塔实验也是后人杜撰的，只能当作一个故事。因为当你松手放开两个小球的时候，你根本无法做到精准地“同时”。因此即使伽利略这么做了，这个实验也是不严谨的。

我们只需要做一次思想实验就可以证伪亚里士多德的学说。假设有两个箱子，一个大箱子，里面装满了书籍，重200千克，另一个小箱子就装了一半，重100千克。我们先假设亚里士多德的观点是对的，那就是说，大箱子要比小箱子下落的时间更短。我们接着将两个箱子捆绑在一起，让它们一起下落。按亚里士多德的理论，小箱子会拖累大箱子的下落速度，因为它下落得要比大箱子慢。

如果我们将这两个绑在一起的箱子看作一个重300千克的整体，那这个整体要比单个的大箱子来得重，因此它下落的速度要比大箱子快。

于是，出现了与假设前提相矛盾的情况，这说明轻的物体比重的物体下落要快也是错的。那我们就只能接受重的物

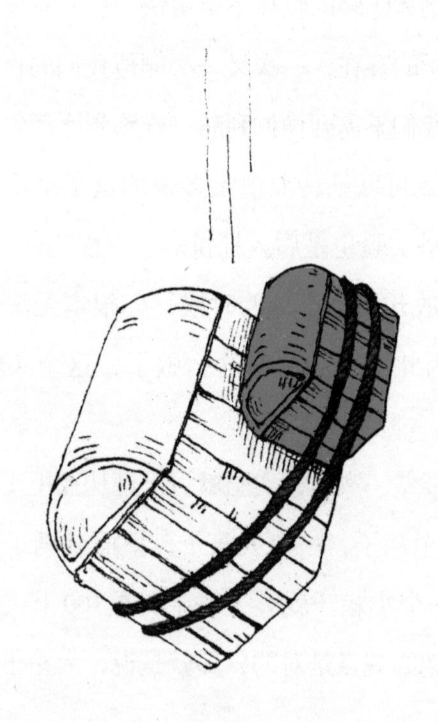

体和轻的物体下落一样快这个结论。

那么为何亚里士多德“重物比轻物下落更快”的观点一直以来就没人提出疑问呢？实际上，这在人类漫长的历史中也绝非孤例。这个故事也告诉我们，有时候，迷信权威是很可怕的，不仅禁锢了个人思想，还延缓了科学的发展。正所谓“尽信书则不如无书”，我们一定要敢想，无数次的伟大突破就在于人们不满足于长久以来的传统观念，从而打破了固有思维。科学之光在这样的裂缝中才能散发出耀眼的光芒。

伽利略始终是一个怀疑者，他认为亚里士多德的观点在逻辑上就站不住脚，怀疑在真空中，重的物体与轻的物体会以同样的速度下落。为此，他设计一个天才般的滚球实验，这个实验也成了现在初中物理课本中的基础实验。

伽利略想到，要实现脑海中的滚球实验，必须要满足两个标准。其一，他必须让物体运动得足够慢，以便于自己测量；其二，他必须设法把空气阻力和摩擦力的影响降至最低。

一次又一次的实验，他发现，在一些小角度的实验中，小球滚动的距离总是与时间间隔的平方成正比。当伽利略不断提高斜面的坡度时，这个发现依然有用。无论斜面的倾斜角度有多大，小球滚动的距离都与它的重量无关，而与它滚动所需时间的平方成正比。

伽利略为此陷入了沉思，如果在倾斜角度是30度、60度、70度时都适用的话，为什么90度不可以呢？

通过这种方式，伽利略为物理学掀开了一页新的篇章，将他称为近代物理学之父也不为过。

在伽利略之前，西方人一直认为力才是维持物体运动的原因。比如，我们朝着前方扔出一颗石子，或是扣动扳机，让子弹从枪膛里飞出，无论是石子还是子弹，它们最终都会落到地面上。亚里士多德认为，万物最自然的状态是静止，但为什么石子在离开我们的手之后没有立刻停下来呢？亚里士多德倒没有给出肯定性的答案，仅仅只是猜测，空气中的微粒跟随在石子之后继续推动它。但他对此也并不确定，也表示过怀疑。

无论如何，静止才是物体最自然的状态，这点对于亚里士多德来讲，是毋庸置疑的。

这一次，伽利略在这一点上再次与亚里士多德分道扬镳，而且用的还是一场源于头脑的思想实验。

伽利略在头脑中设想出了一条在大海中航行的船只，在这艘船上，男人们聚在一起觥筹交错，女人们在舞台上跳着舞蹈，小孩子们在船上的游乐场里游玩。无论船只是停留在海面上还是匀速直线运动，在船上的人都感觉不到船只的运动状态。他因此推断，这是因为船上的一切都跟随着船一起运动，船的运动就像是感染了这些物体。所以这艘船一旦开始运动，它的运动就成了船上所有物体的某种基准。

既然如此，那丢出去的石子有没有可能也是因为以同样的方式受到了感染呢？

伽利略的沉思带给了他一个深奥的结论，这使得他与亚里士多德再一次决裂。他宣称，所有匀速直线运动的物体都趋向于保持这种运动状态，就像静止的物体趋于保持静止一样。实际上，静止也就是一种速度恰好为零的匀速直线运动的范例。这也被后人称为惯性定律，之后的牛顿将其精简一番后变成了自己的第一运动定律。很难得的是，牛顿在自己的著作中特意标明了这一点是伽利略发现的。这是牛顿把功劳算在别人头上的一个罕见例子。

我们只要再举一个例子就可以更好地明白匀速直线运动与静止之间的等价关系。假设现在我和你两个人身处于一辆火车里面，你要怎么才能知道火车相对于地面是在直线运动还是静止的呢？

你可能会说，直接看窗外就知道了呀。如果窗外的景色是静止的，那么火车相对于地面就是静止的。如果窗外的景色在动，那么火车就是在运动。

好，没错，那么我们再来增加一个限制条件，假设这辆火车没有窗户，是一个封闭的空间呢？

你仔细想了一会儿，说这也很简单，我们可以感受，只要将后背靠在座椅上，如果感受到一种推背感，感觉后背有一种力在推我们，我们就能知道火车在做加速运动。而如果我们感觉后背有一种离开椅子的冲动，则火车在做减速运动。

好，这也没问题，可是如果，加速度的变化很小呢？以至于我们的后背根本感受不到，又有什么办法可以直观地获得结果呢？

你又想了想，从口袋里面掏出一个单摆，说我们看这个单摆，如果单摆是静止不动的，则火车是在静止或匀速直线运动，如果单摆在向前倾或向后倾，则它是在做变速运动，且加速度的方向与倾斜的方向相反。

好，很好。可是你也说了，如果单摆是静止不动的，则火车是在静止或匀速直线运动，可是问题来了，我们要怎么辨别火车究竟是静止的呢还是匀速直线运动的呢？

不能！

这也就是说，如果火车里面没有窗户，那我们根本就不可能判断出火车究竟是静止的还是匀速直线运动的，无论我们做什么样的力学实验，都无法知道。在匀速直线运动状态下，所有的力学规律和在静止的状态时是完全一样的。

在伽利略眼中，静止和匀速直线运动两者的物理意义是相同的，他用了另一个词来统一描述它们的状态，即惯性系。无论是在静止的火车上做力学实验，还是在匀速直线运动的火车上做力学实验，在伽利略眼里，都是在一个惯性系里做力学实验。这也就是伽利略的相对性原理：在任何惯性系中，力学规律始终不变。

后来，爱因斯坦在此基础上，又做出了延拓：在任何惯性系中，不仅力学规律不变，所有的物理规律都不变，这也就是狭义相对论的一个结论。当然，关于狭义相对论，则不是本书所要具体讨论的范围了。

工欲善其事，必先利其器：李普希的望远镜

科学的发展离不开工具的发明，在17世纪，有两项重要的发明创造推动了人类社会的发展，一个是显微镜，另一

个就是望远镜。前者让我们可以看到肉眼看不到的末微，诸如细胞等，后者则将我们的视野扩展到了整个宇宙星辰。

数百万年来，人类只能凭借自己的肉眼观测星空，人的视网膜特别神奇，相当于一台5.76亿像素的相机，不过，这在整个宇宙尺度下远远不够。望远镜的出现，从本质上来讲扩宽了眼睛的基本职能，并彻底改变了天文学观测的方式。

一切的源头还是要回到1597年，这一年，伽利略还在帕多瓦大学研究托勒密体系的内容。如果没有这一年发生的那件偶然的事情，可能伽利略一辈子也不会有机会将目光投向星空。大概在同一时期，两个小孩子在一个名叫汉斯·李普希的普通荷兰眼镜制造商人的店铺里面玩耍，他们将一个凸透镜和一个凹透镜叠放在一起，透过它们去看远处的风景。神奇的一幕出现了，两个孩子惊讶地发现远处的景象在叠加的镜片中被放大了。李普希很是敏锐地发现了其中的奥秘，并制造了一个小型望远镜。

1608年，李普希向荷兰国会提交了一份专利申请，声明他已经发明了一种“能看到很远的地方，好像它们就在你附近一样的东西”。

第二年，也就是开普勒公布其两大定律的那一年，伽利略从其他人口中得知了此事，一开始，他对此并不在意。不

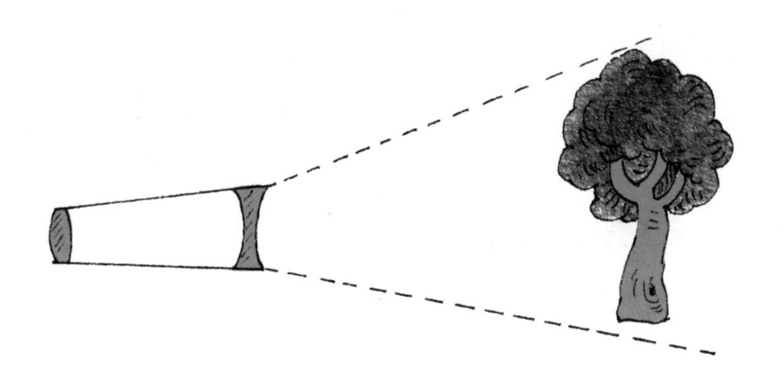

久之后，他的朋友保罗·萨尔皮觉得这种装置非常具有潜力。于是，他找到了伽利略，当时的伽利略正想方设法地利用各种兼职为自己增加收入，有时还会动手制作科学仪器。起先伽利略并没有任何光学理论的专业知识，但他在听了朋友的介绍后，产生了兴趣，立即通过自己的双手，研制出了一台天文望远镜，成为了有史以来第一个窥见夜空细节的人。

望远镜被制造出来后，伽利略非常聪明地将其作为礼物献给了一位威尼斯元老。随着之后不断地改进，望远镜的放大倍数也在增长，从9倍提高到了30倍。

有了望远镜的帮助，伽利略在1609年年底至1610年年初取得了惊人的发现。他首先是看到了木星的四颗卫星，后来人们将这四颗卫星命名为“伽利略卫星”。木星卫星的发现拓宽了人们的天文学视野，至少丰富了太阳系大家庭，也说明了地球之外还有其他中心，彻底动摇了托勒密关于“地球是宇宙中心”的观点，因为这些卫星绕着木星旋转，而不是地球。

很多人会认为透过望远镜观测星空是一件美好且浪漫的事，实际上并不是这样。正如伽利略一样，天文学家的观测需要极长的时间与极大的耐心，有时候不得不为此原地待上几个小时，只为了观测得更全面一些。随后，他还要花上数周的时间去计算与描绘看到的东西。

1610年8月，伽利略将目光移到了距离地球最近的行星——金星上，发现这颗以爱神为名的行星并不是金灿灿的圆面，而是闪着金光的一钩“弯月”。这说明金星与月球类似，有着阴晴圆缺的变化。自此，他指出金星和地球一样，都不发光，且围绕着太阳旋转。这一发现成为了哥白尼“日心说”的最有力的支持。

1610年年底，伽利略发现了太阳表面有黑子，并且根据黑子在日面的移动情况,证明太阳本身也在自转。这一切的发现，都似乎预示着一个新时代的到来，传统的“地心说”遭到了史无前例的挑战，新的观念“日心说”逐渐引起了人们的重视。

伴随着伽利略的观测，他的著作也在这一时期大量出版，首先是1610年3月在意大利威尼斯出版的《星空信使》。他将其献给了托斯卡纳第四代大公科西莫·德·美第奇二世，并想将新发现的四颗木星卫星命名为“美第奇星”。从这里也可以看出来，伽利略并不是不食人间烟火的科学家，他很有政治头脑。这本书很薄，描绘了伽利略所看到的奇观，一出版就立即成为了畅销书，震动了整个学术界，因为里面有关于其他人从未见到过的月球及其他行星的细节。至此，伽利略的名声也响彻了欧洲。

1610年6月，伽利略被任命为大公的宫廷哲学家和数学家，同时担任比萨大学的首席数学家。

1612年，伽利略出版了《水中浮体对话集》，次年又再接再厉，出版了《关于太阳黑子及其现象的历史与论证》。

俨然，伽利略已经成为了当时最耀眼的一颗巨星，就连教会都注意到了他。

从这一刻起，科学进入了一个新的时代，从之前以思辨为主的形而上哲学走向了以实验与观测为主的实证科学。新工具望远镜的发明无疑是重中之重。

人类社会的发展离不开工具的协助，荀子在《劝学》中说：“君子生非异也，善假于物也。”在人类历史中，因为不断有新工具的发明，我们的文明才能不断进步。

伽利略被迫害的缘由

你或许听说过，伽利略的晚年被教廷迫害。实际上，事实可能比你想象的要复杂。

没错，伽利略的确是“日心说”的坚定拥护者，但在一开始，他并没有受到教会的警告和指责。当他的《星空信使》出版之后，顷刻间就销售一空，成了畅销书，很多教会内部人士也都购买阅读过，觉得其很有意思。伽利略前后多次到访罗马，与教皇保罗五世见面。1611年，伽利略第二次到访罗马，还受到了教皇等高级神职人员的一致欢迎，并被林赛研究院接纳为院士。

当时的许多神职人员，甚至就连教皇本人也都承认他发现的这一系列观测事实，但并不承认他的解释。

1616年，教皇保罗五世下达了“1616年禁令”，原因是在前一年有很多人向教皇告状，说伽利略宣扬的“日心说”是异端邪说，违反了宗教教义。伽利略为了给自己辩解，第三次到访罗马，企求不因自己拥护哥白尼观点而受到惩处，也不公开压制他宣传哥白尼学说，教廷同意了前一要求，但拒绝了后者。

1618年，欧洲历史上的最后一场宗教战争爆发。自从1517年马丁·路德在维滕堡教堂贴上“九十五条论纲”之后，传统天主教与新兴新教之间的冲突就从来没有停息过。这场战争从1618年开始，一直持续到了1648年。德意志地区作为主战场，惨遭蹂躏，损失了60%的人口和土地。

1621年，教皇保罗五世去世，乌尔班八世继位，这位教皇是伽利略的朋友。

1624年，伽利略四次到访罗马，希望老朋友能够给点面子。可乌尔班八世依旧不肯撤销“1616年禁令”，但退了一步，只允许他写一部同时介绍“日心说”和“地心说”的书，但对两种学说的态度不得有所偏倚，而且都要写成数学假设性的。

得到教皇的许可后，伽利略埋头苦干，用了六年的时间，写下了《关于托勒密和哥白尼两大世界体系对话》一书，该书是虚构人物的对话录，完全符合了教皇的要求。伽利略也没有在书中说“日心说”是对的，“地心说”是错的，他不过是客观地借虚构人物的嘴，将两种学说都介绍了一遍。可谁料，这本书为伽利略带来了灾难。

1630年，伽利略五次到访罗马，获得了教皇允许出版该书。

1632年，正式出版才半年，教皇就勒令其停止出售，认为伽利略违背了“1616年禁令”，并要伽利略接受审判。

两个虚构人物的对话，就算伽利略当时写的时候是客观的，没有任何嘲讽的意思，但是在别有用心的人眼里，每一句话都可以解释成对教皇的讽刺。

当然，其实还有另外一个原因，当时正值宗教战争期间，教皇态度不明。

为了自身利益，教皇既不会支持反教会的新教联盟，也不会全心全意跟代表王权的天主教联盟站在一起。在战争中，新教联盟中的瑞典国王古斯塔夫二世一路势如破竹，将天主教联盟打得落花流水，可他在1632年11月战死，战争局势瞬间逆转。

此时，天主教联盟也发现了教皇的私心。教皇需要一起事件来向世人表示自己天主教权威的身份，正好，伽利略就这样撞到了枪口上。

于是，年近七旬而又体弱多病的伽利略被迫在寒冬季节抱病前往罗马，在威胁下被审讯了三次，根本不容他申辩，被迫签下了“悔过书”，并被判终身监禁。教廷还将这一判决结果在整个天主教世界控制的大学里当众宣读。

当然，后来伽利略虽然被判处终身监禁，但教廷允许他在自己家中服刑。教廷虽然派人监视，但派来的人还是伽利略的朋友，这位朋友对他悉心照顾，并鼓励他多做科学研究。

在伽利略被监禁期间，还有很多学生、大公前来拜访，其中一位来访者还是年轻的英国诗人约翰·弥尔顿，他在《失乐园》中也提到了伽利略和他的望远镜。

1642年1月8日，伽利略病逝，此前，他已经完成了另一部著作《关于两门新科学的对话与数学证明对话集》。虽然教廷禁止他的任何著作出版，但在1638年，在朋友的帮助下，这本书在新教世界的荷兰出版。虽然教廷对此事知情，但睁一只眼闭一只眼就这么过去了。

近代物理从伽利略开始，才算是有了一丝曙光。物理学家一般分为实验物理学家和理论物理学家，而伽利略则是两头都占。他通过做实验，诸如将一个小球沿着斜面下滑，得出了力不是维持物体运动的原因，从而推翻了亚里士多德的观点。同时，他也有思辨，在推翻亚里士多德那些根深蒂固的观念之前，伽利略在头脑中已经做了充分的准备。

伽利略强调感觉、经验在科学认识中的地位，他认为自然科学本质上是实验科学，而实验科学的出发点就是感觉与经验。这一点是他与古希腊哲人最大的不同，他特别重视定量实验的研究，为此会亲自动手设计实验，创造一些可以测量的条件，从实验结果中概括出数量关系式，从而把数学引进了力学。

伽利略之后，这种思想迅速在欧洲蔓延，18、19世纪是科学蓬勃发展的时代，从文艺复兴时期开始，无论是物理还是化学，都从古希腊式的思辨迈向了实验。正是因为实验，科学才有了前所未有的发展。其实我们每个人都能成为广义上的科学家，只要我们脚踏实地，用做实验的心态去实践理论，抛弃那些思辨式的讨论与口号，就具备了科学精神。

伽利略去世的同年，另一颗科学巨星在英国林肯郡出生，他后来同时吸收了开普勒与伽利略的成果，从而一举奠定了整个经典物理学大厦的基石。他就是艾萨克·牛顿——在整个科学史上都能排进前三的巨匠。不过在介绍他之前，我们得先来看看法国的另一位思想家——勒内·笛卡尔，因为牛顿若不抛弃笛卡尔的旋涡学说，就不可能建立他的万有引力定律。

关键的继承者和过渡者：笛卡尔

勒内·笛卡尔是一个出生在法国的哲学家、数学家、物理学家，他对数学和哲学都有伟大的贡献，在数学领域将代数与几何联系在了一起，发明了直角坐标系，被称为解析几何之父；在哲学上，他是欧洲大陆理性主义的三大代表之一，提出了著名的“我思故我在”的观点。

笛卡尔认为，整个宇宙都充斥着以太。以太是一种非常稀薄的连续的流体，它没有重量，不能被人的感官直接感知。物体的作用是通过以太的挤压来传递的，天体在以太中运行不会受到任何阻力。

既然宇宙中到处都是稀薄的以太，那么星体又是如何在其中运动的呢？

笛卡尔认为，这是因为一个粒子在让出一个位置后，其位置同时会被邻近的粒子所占据，而空出的位置又同时为第三个粒子所占据，以此类推，运动便这样形成了。粒子不断调换位置，做循环的旋转运动，结果就形成了物质的涡流。太阳是一个大旋涡的中心，巨大的旋涡推动行星围绕太阳旋转。各个行星则是较小旋涡的中心。在旋涡中重物趋向中

心，轻物离开中心。重物的下落也是由旋涡引起的。

这就是笛卡尔的“旋涡模型”。

同时，笛卡尔继承了伽利略的动量概念，提出了动量守恒定律。他认为，任何物体都有保持匀速直线运动的倾向，这实际上也是惯性定律的另一种表达方式，我们可以将静止当成速度为0的匀速直线运动。所有运动的变化都是受到了其他物体作用的结果。比如在理想状态下，一个运动的小球撞向了一个静止的小球，前者对后者进行了撞击，将其冲量转化成了后者的动量，前者损失的冲量等于后者获得的动量。（这里所说的理想状态，是指两个小球都是刚性小球，碰撞后不会有能量的损失。）

笛卡尔认为物体的惯性会随着物体运动的速度而变化。牛顿则认为，惯性是物体的内在属性，只与其质量有关。

▶ 第六章小结

1. 伽利略通过两场思想实验，分别推翻了亚里士多德“力是维持物体运动的原因”以及“重的物体比轻的物体下落更快”两个错误的观念。

2. 自从发明望远镜之后，天文学家对宇宙的认识获得了飞一般的提升。

3. 笛卡尔提出了旋涡模型，认为太阳处于巨大的旋涡中心。

4. 物理学家分为理论物理学家和实验物理学家，伽利略侧重于实验，是近代物理学之父。

第七章

千呼万唤始出来的牛顿

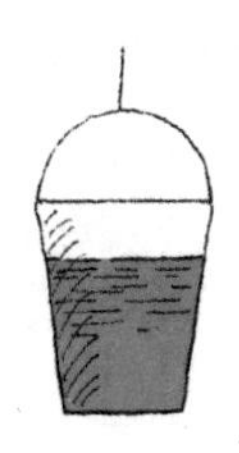

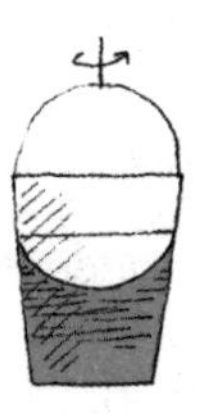

终于，科学穿过漫长的中世纪，经由哥白尼、开普勒与伽利略等人的开创，迎来了一段黄金岁月，似乎之前所有的黑暗都是为了等待一个人——牛顿。

牛顿的童年并非锦衣玉食，他三岁就被寄养在外婆家，虽在孤独中成长，但他的思维很活跃。当别人家的孩子在田野里跟着爸爸妈妈玩耍的时候，他只能一个人躲在角落里，时而运算一些数学公式，时而抬头仰望星空。

牛顿究竟强在哪里？

在人类历史上，真正能被公认为强人的人，屈指可数，他们要么是以一己之力，推动了人类的整体发展；要么就是一个民族的引领者，带领整个民族走向了繁荣富强；要么就是独自一人，创建了一整套科学体系。无疑，牛顿就是后一种人。

2000年，《时代》杂志评选人类历史上最有影响力的人，排在第二位的就是牛顿。

在中国，我们在童年时期就听说过牛顿，他更多是以一位杰出的科学家而闻名，不过在西方世界，牛顿还被认为是一个开启近代科学发展的思想家。

在数学领域，他与德国数学家莱布尼茨各自独立发明了微积分和二项式定理；在物理学领域，他创建了力学的三大定律和万有引力定律；在光学领域，他用三棱镜发现了白光由七种颜色的光组成，并提出了光的微粒说；在天文学领域，他利用自己创建的经典力学和微积分，构建了当时最为先进与准确的太阳系模型。

当然，以上只是他在“术”的层面，在“道”的层面，他为同时代以及后人打开了一个理解世界的视角与窗口，并构建了很多庞大的学科体系。可以说，他的最伟大之处，在于改变了人们看世界的方式。

尽管牛顿以前的人就已经在数学和物理学上掌握了很多知识，但都是一些零散的知识，不成体系。是牛顿将其整合起来，完成了其科学化的过程。建立一套学科体系，最主要的就是要定义清楚各种基本的概念。比如物体的质量和所受到的重力，在很多时候都被混为一谈；速度与加速度，人们也难以区分其中的差别。

牛顿定义了经典物理学中的这些基本概念，这本身就是一项了不起的成就。

在牛顿之前，开普勒与伽利略已经为他做好了铺垫。牛顿用万有引力解释了宇宙中日月星辰运行的规律，也从理论上解释了开普勒的三大行星运转定律，将其数学化。同时，他继承了伽利略有关惯性定律的研究，将其发展成了自己的力学三大定律，成了日后经典力学发展的基础。

有一点需要注意，要用一套理论解释一个现象非常容易，甚至拍拍脑袋就能想出一整套能够自圆其说的假设，但牛顿的厉害之处在于，不仅用了一套理论来阐释天体运行的规律，还能用这套理论做预测。

比如，你今天肚子很疼，不知道怎么回事，其实我可以想出很多理论来解释你的肚子疼。我可以说，你昨晚睡觉着凉，也可以说，你吃了坏东西；甚至可以说，你因为昨天作业没写所以才这样。这些解释最大的缺陷就在于无法证伪，且无法预测。

如果我说你肚子疼是因为昨天将冰箱里的牛奶拿出来直接喝了，那么当你下次还这么做之后，或者其他人也像你这么做了之后，都出现了肚子疼的情况，反之则没有，那么我的这个理论才算是有了那么一点科学味道。

与牛顿同时代的天文学家哈雷，在《原理》一书中利用牛顿的理论，准确地预测出了一颗彗星回归的时间，这颗彗星就是著名的哈雷彗星。一百多年后，人们发现了天王星，但其运行轨道与用牛顿理论计算出来的不符，因此有人猜测，在这颗星的周围，还有一颗大行星的存在，因此人们发现了海王星。这些都是牛顿理论的可预测性。

在牛顿之前，几乎所有的科学家都是先在现实世界中观测到一个现象，而后发现规律，但是在牛顿之后，很多新的发现是先通过理论推导，预测可能会观测到的现象，然后才通过实验证实。哪怕是到了现在，人们也都在用这种办法，很多新粒子的发现就是基于此，先是理论计算而后再去实验室里找可能的对应粒子。

牛顿更大的意义在于给人提供了更稳固的信心。从古希腊开始，就有一些人认为这个世界是可以被人的理性所认识的，但历经千年之后，大部分人对此并没有很好的认识。基督教中更有一派认为，这个世界是任意的，因为上帝的意志是捉摸不透的。人根本无法理解上帝创造的这个世界。但是牛顿之后，人们的信心空前增长，原来这个世界并非以前所认为的无法预知。

这也催生了整个社会观念的转变，机械宇宙论逐渐深入人心。只要我们够努力，那么世界上的万事万物都能被我们所理解，人类的明天与未来将会越来越光辉。

所以，你现在知道牛顿的地位为什么那么高了吧！

牛顿三大定律

任何对今天的中学生来讲是习以为常的知识，在几百年前都可能会让人大吃一惊，比如牛顿在其《原理》中公布的三大定律。

在第一条定律中，牛顿基本延续了伽利略的惯性定律并进行了改善，增加了“力是改变物体运动状态的原因”。

牛顿第一定律（简称“牛一”）：物体在不受力，或受到的合外力为0的情况下，它将保持静止或匀速直线运动，即速度的方向和大小都不变。

牛顿将物体以恒定速度沿着直线方向运动的状态视为物体的自然状态，这点与伽利略看法一样。牛顿第一定律对于今天的我们来讲已经习以为常。事实上，在地球上做自由落体的物体，其下落的速度并非是恒定不变的，而是越来越快。向前方用力推一个箱子，它最终会停下来。这些显而易见的现象都似乎在告诉我们，力是维持物体运动状态的原因。

然而，伽利略的斜坡滚球实验似乎在提醒世人，只要表面足够光滑，小球从斜坡上滚下来后，可以滚落到无穷远处。物体要运动，好像并不需要源源不断的动力。

根据牛顿第一定律的解释，如果物体改变了运动状态，那么一定是有外力出现了。至于下落的物体越来越快，以及推动的箱子最终会停下来，牛顿坚信，这些运动都是异常运动，是重力或摩擦力等看不见的作用力所导致的。

基于此，牛顿认为，作用力会引起加速度，这反映在了他的第二定律中，他将作用力的总量、质量以及加速度之间的关系进行了量化，这是一件很了不起的事情，因为只有将这些关系量化之后，人们才会有更清晰的认识。

牛顿第二定律（简称“牛二”）：物体的加速度a和物体受到了合外力F成正比，与自身质量m成反比。这也可以用公式F=ma来表示，牛二的数学表达式一直到牛顿去世100年后才出现。其中,F为物体所受合外力大小,m为物体质量，a为物体加速度，a与F的方向相同。

牛顿的第三定律相对来说更容易被理解，他说宇宙中的运动总量不会发生变化，它可以在物体之间转移，但不会增加或减少。简单来讲，力总是成对出现的，有一个作用力，就会有一个反作用力。比如，我去推一个人，我的手给那个人施加了推力，同时，那个人对我的手也施加了推力。万有引力亦是如此，苹果从树上掉落，是因为地球对苹果有吸引力，同样的，苹果对地球也有吸引力。

牛顿第三定律（简称“牛三”）：相互作用的两个物体，它们的作用力和反作用力大小相等，方向相反。

牛顿第三定律在我们的日常生活中极为常见，我们人之所以能在这个地面上走路，也正是因为牛顿的第三定律。想想看，我们平时是怎么走路的？是不是先迈开腿，踩到地面上，左右脚相互向前跨出去。我们的鞋子给地面一个向后的摩擦力，地面也会给我们鞋子一个向前的摩擦力，我们才能漫步在这个星球的任何大陆上。同时需要注意，这两个力大小相等，方向相反。

再比如，我们想要跳起来，先弯曲膝盖，然后用力蹬地，我们的脚给地面一个向下的力，地面也会给我们的腿脚一个向上的力，因为这种作用力与反作用力，我们才能得以短暂地离开地面，跳起来。甚至鸟类和飞机也是通过牛顿第三定律来摆脱重力的束缚，鸟类扇动翅膀，将一部分空气向下推，这些空气也会给鸟类的翅膀一个向上的力，借此，鸟类才能飞起来。同样的，飞机的机翼并不是与地面水平的，而是有一定的倾斜。飞机在地面滑行的时候，机翼下方向下运动的气流会产生向上的力，托着飞机飞入无边无际的蔚蓝天空。翼展越大，空气置换量就越大，向上的力也越大。

生活中处处都可以看到牛顿第三定律的存在，但在牛顿之前，我们对此都只是习以为常，至于为什么会这样，我们为什么能走路，能跳起来，却没有人能给出一个清晰的答案。正是因为有了牛顿，这些问题才得以有了一个确定的答案。

牛顿三大定律奠定了整个经典力学的基础，自他之后，物理学进入了高速发展的300年时期。自此以后，所有的物理运动都可以分解成很多部分运动，只要这些部分被分解得足够小，每个部分都可以被视为质点，那么牛顿的三大定律就派得上用场了，可以帮助我们解决很多问题。

然而，这三大定律并非只是牛顿的全部，仅由三大定律建构起来的力学大厦，是不完备的。因为自然界存在多种力，牛顿并没有在三大定律中给出存在的多种力究竟是怎么来的。因此，要理解经典力学，仅靠牛顿的三大定律是远远不够的。

自牛顿之后的300年来，物理学家们通过研究发现，这个世界上的所有力都可以被分成四种基本力：万有引力、电磁力、强相互作用力与弱相互作用力。前两种是我们日常生活中最常见的，后两种力距离我们较远，只存在于原子层面，是亚原子力，我们暂且先不谈。

有一点非常有意思，电磁力远比我们想象的还要广，无论是摩擦力，还是推力、压力都属于电磁力。只要是宏观物体相接触，因为接触而产生的力，都属于电磁力。

万有引力是四大基本力之一，广泛存在于这个宇宙空间中，而一举建立万有引力帝国的，正是牛顿。

牛顿与万有引力

有一个故事流传很广，说牛顿之所以想到万有引力，是因为有一天他坐在苹果树下，突然，一颗苹果掉了下来，砸在了他的头上。牛顿顾不得疼痛，捡起苹果仔细端详，心想，苹果为何要掉下来呢？为何不朝天上飞去呢？

想着想着，一股神秘的力量在他的脑海中酝酿着。于是乎，万有引力就这么被牛顿想出来了。

实际上，这个故事是虚构的，最早见于伏尔泰的笔记中。伏尔泰比牛顿小一辈，是法国启蒙时期最重要的思想家之一，也是牛顿的一个狂热粉丝。早年他被法国政府流放到了英国，当他来到英国的时候，牛顿已经去世，这个故事是从牛顿侄女那儿听来的，属于道听途说。

当我们对那一段历史稍有了解之后，便会发现，牛顿不需要苹果，因为他一直在思考这个问题。当时的天文物理学经由哥白尼、开普勒与伽利略的发展，已经趋于成熟，成为了一门显学。任何读过书的人，在大学任教的人都会讨论起它，就像现在的人谈论人工智能一样。

月球一直以来就带有神秘的面纱，牛顿知道月球是一个在太空中高速旋转的物体，那么问题就来了，为什么会这样？用肉眼看过去，月球的大小和太阳的大小差不多，正是因为这样的巧合才使得在地球上可以观测到日食的壮观。

在牛顿以前，人们大都认为月球是空的，因此才会悬浮在太空中。但是望远镜的出现否定了这一猜想。月球是一块巨大的石头，这就更让众人摸不着头脑了，既然是石头，为何不落向地球呢？

牛顿认为，月球确实会向下坠落，那么问题又来了，怎么会有物体不断下落却永远不落地呢？

问题越来越多，牛顿心想，要是能有一段属于自己的时间该多好，这样就可以专心致志研究这些问题了。

机会很快就来了，1665年，牛顿拿到了剑桥大学三一学院的学位，同时，伦敦发生大规模的瘟疫，他所在的大学为了预防瘟疫而暂时关了门，他便回到了家乡，系统地将自己的想法整理成笔记。他自己曾说，那时的他正处于创造力的巅峰。

1666年，伦敦发生了火灾，这场火就像是点燃了牛顿内心深处的小宇宙，烧出了一个关于万有引力的雏形。这一年也被称为物理学上的第一个奇迹年。牛顿开始探索关于重力的性质。自从开普勒发表了他的行星运动定律以来，人们曾经做过许多尝试，企图依靠地球上的力学原理来说明行星的行为。欧洲大陆上的笛卡尔用似是而非的原子涡动来解释行星的运动。他认为太阳系是一个巨大的“原始物质”的旋涡，地球和行星在其中无依无靠地围绕着太阳旋转，就好像物体被河里的涡流或旋涡带动着旋转一样。

牛顿似乎一开始就确信笛卡尔所想象的太阳系在动力学上是没有任何依据的，因而不能接受。他试图发展出一套令人满意的理论，认为使月球保持在其轨道上的力可能与物体被拉向地心的力相同。

那么问题又来了，如果月球确实受到了地球引力的影响，经过了这么长的距离，引力必定会减弱，其减弱的程度如何？

对此，牛顿从两个方面进行了猜想与解答。

现在，让我们假想有一个人，站在离我们10米远处，手里拿了一个手电筒，朝着我们的方向打开了开关，我们会看到手电筒中射来一束光芒。然后，那个人又跑到距离我们20米远的地方，朝着我们的方向打开了同样的手电筒，我们看到的光芒和原来的光芒相比，其亮度是一样的吗？

显然，光的强度会减弱。当我们与光源的距离增为2倍，并不代表光线亮度刚好减半，而是只有原来的1/4。如果将距离增为10倍，则光线亮度将只有原本的1/100。

牛顿因此而猜想，引力就像光线的强度一样，与距离的平方成反比。

第二种方法，也很简单，通过结合开普勒有关行星轨道的尺寸和速度的第三定律，以及他自己对物体呈圆形运行的观察所得，牛顿计算出引力的强度。他同样发现引力遵循平方反比定律。

在当时人看来，牛顿没有将他的发现公之于众，而是默默记在了自己的笔记本上。他觉得这一切还不完善，还有待修改与整理。

结果，这一等，就等了十几年。

《原理》的出版

1684年1月14日，英国皇家科学院的主席克里斯托弗·雷恩、皇家科学院的秘书罗伯特·胡克和刚刚入选皇家科学院的院士埃德蒙多·哈雷在一起吃饭。席间，他们聊到了天体运动，简而言之，假如引力的大小和距离是成反比平方的，那引力又是怎么影响行星轨道的呢?

胡克拍着胸脯表示，自己早就研究过这个问题，还给出了证明，但是目前还不能透露其中的细节。据说，胡克经常吹牛，但他天资聪慧，总是能将讲出去的大话落实下来。

雷恩似乎知晓胡克的这种习惯，他干脆就与另外两人打了一个赌：以两个月为期限，谁先把这个问题想明白并写下来，就能赢得40先令。

赌注虽然不高，但这激发了两位科学家强烈的好胜心。但两个月之后，二人似乎都没得出什么像样的结论。胡克倒也不在意，继续研究，哈雷则去找了牛顿。牛顿在听了哈雷的话后，毫不犹豫地回答：“正是反比平方定律导致了行星运动的轨道是椭圆形的。”

之后，牛顿用了三个月的时间，将之前的研究仔仔细细地检查了一遍，正式交给了哈雷，论文的题目就叫《论星体轨道的运行》，这也是《原理》的雏形。

再后来，牛顿又扩充了其中的内容，于1687年正式出版了《自然哲学的数学原理》，全书分为三卷，哈雷资助了其中一部分出版资金。

有意思的是，就在这本书的第一卷和第二卷出版后不久，胡克不服气了，他让哈雷给牛顿带句话，说引力随距离以平方反比的规律下降，是他先发现的，希望牛顿在第三卷中能将自己的贡献也加进去。

哈雷是当时有名的“社交达人”，和谁的关系都处得好，俄国彼得大帝来伦敦学习时，便是哈雷陪同。

于是哈雷在给牛顿的信中写道：“我应当再告诉你一件事，就是胡克先生对于你的重力大小与到中心距离的平方成反比这个法则的提出还有一些要求。他说你是从他那里得到这个概念的……胡克先生似乎希望你在序言中稍微提到一下他。”

牛顿在回信中保持了极大的克制，他写道：“我感谢你告诉我的关于胡克先生的一切，因为我希望我们之间可以保持良好的理解。”

但是不久之后牛顿就克制不住了，因为他得知胡克准备在一次会上引起人们的注意，宣称牛顿是从他那里剽窃了一切。这件事激怒了牛顿，表示第三卷不再出版，幸好哈雷在收到牛顿充满怒气的信后，立即恳求他改变主意，让这位天才恢复了平静。

不管怎样，牛顿《原理》的出版，解释了当时人们百思不得其解的问题。比如，开普勒之前就提出三大定律，其中一个就是，行星围绕太阳旋转的轨道是椭圆形的，这只是基于观测而得出来的结论，至于为什么是椭圆形的而不是其他，他并未给出详细的论证过程。

牛顿在此基础上，利用数学的微积分给这一定律提供了坚实的理论依据。简单来讲，就是引力的大小与两物体间距离的平方成反比，因此轨道是椭圆形的，反之亦然。

牛顿的伟大之处，是在前人的基础上，为这一理论赋予了数学上的公式与可计算性，这也是量化思维在科学界的又一次伟大的胜利。万有引力公式非常简洁，看上去也很完美：

$F=MmG/r^2$（其中，M与m是两物体的质量，G是万有引力常量，r是两物体中心之间的距离）

纵观西方世界，上帝创世说一直都是主流学说，认为上帝创造了万事万物，并规定了一系列的规律，默默安排着一切。牛顿的《原理》问世后，引起了部分人的恐慌，尤其是在宗教内部。

如果牛顿所说的是对的，那么天上的星辰该如何运动，似乎就不需要上帝参与了，全凭万有引力。这在今天的人看来很奇怪，因为万有引力和有没有上帝并没有什么关系，但在当时来讲，这个问题尤为重要。

很多人知道牛顿是一个科学家，认为科学家本身就是反宗教的。但其实牛顿是一个虔诚的基督教徒，这与当时的时代背景有关，宗教的观念影响了他的一生。

人必然有其局限性，会受时代影响。因此，牛顿的理论并不能抛开上帝，他将上帝放在了"第一推动者"的位置上。《原理》中给出的行星运转轨道，虽然不是完美的圆形了，但依然被当时的人用来作为神学上的证明。牛顿本人并不反感神学家引用他的著作。他在给其他人的回信中表示，引力是导致行星运动的原因，然而，如果没有上帝之力，就不会形成行星绕太阳的运动结构形态，行星之间的水平运动也不会如此精妙准确。在穷尽所有可能后，他只有将宇宙体系的成因归于全知造物主的安排。

我们知道，万有引力是对所有有质量的物体都起作用。太阳系的八大行星都会受到太阳的引力，各行星之间也会有相互的引力。这样的太阳系显然是不稳定的，很容易就会走向毁灭。因此，牛顿认为上帝有的时候会出手干预，不让太阳系瓦解。

一直到几十年后，法国的数学家拉普拉斯才彻底解决了行星之间的摄动问题，上帝才真的成了可有可无的存在。

牛顿与胡克之争

牛顿在科学界是出了名的暴脾气，他不仅与莱布尼茨因为微积分的发明权而争得面红耳赤，还和同在一起工作的胡克有着恩怨。

胡克也是当时的一名伟大的科学家，在力学方面的研究尤为卓著，建立了弹性体变形与力成正比的定律，即胡克定律。同时，他还同惠更斯各自独立发现了螺旋弹簧的振动周期的等时性，协助他的老师波义耳发现了关于气体的波义耳定律。

另外，胡克还是第一个提到细胞的人，他通过自己制作的复合显微镜看到了细胞，实际上是细胞壁，并将其命名为“cell（细胞）”，一直沿用至今。

他曾出版《显微制图》一书，书中包括58幅图画，在没有照相机的当时，这些图画都是胡克用手描绘的显微镜下看到的情景。

牛顿与胡克之间的纷争源头来源于光。

1671年年末，巴罗将牛顿制造的一架新的反射望远镜送给皇家学会，这引起了当时的一阵热议。第二年，牛顿又在《皇家学会哲学通报》上发表了一篇关于光与色的论文，这让他再一次声名鹊起。同时代的科学家惠更斯对他赞赏有加，但当时的皇家学会实验主任胡克却称自己对牛顿的理论持保留意见。

胡克认为，光是通过匀质的、无形的介质传播的一种脉冲或运动，而颜色就是由光经过折射而产生的改变引起的，这也就是波动说。牛顿却认为光是粒子。

1672年6月，牛顿写了一篇长文答复胡克，其中引用了很多实验记录和大量数据。在长文的开头，牛顿就用一种傲慢的姿态谴责胡克，接下来便对波动说发起了猛烈的攻击。他说，胡克的假设不仅不够充分，而且难以理喻。胡克如果是一位稍有廉耻之心的实验者，就该发现他所说的是真实的。

胡克当然感受到了牛顿长文中的情绪，但他并没有一开始就予以回击。他先是按照牛顿的记录去做了一次实验，发现不对。于是，他说，如果他的假设有让人不理解的地方，那他对此深感抱歉。

1673年，惠更斯也提出了一些质疑，他说牛顿没有遵守机械哲学的基本原则。也就是说，牛顿应该提出一个物理假设，来解释光通过棱镜后何以会展示出不同的颜色。

惠更斯的质疑惹恼了牛顿，他甚至要退出皇家学会。随后，牛顿给惠更斯写了一封措辞激烈的回信，尽管有人已经告诉过惠更斯，牛顿是一个性情直率的人，但惠更斯在看到回信后依然很生气。他说如果牛顿情绪这么激烈，他就不想再跟牛顿有什么争论了。

1675年，牛顿写了一篇文章《假说》。在《假说》中，牛顿声称光既不是以太本身，也不是以太的振动性运动，而是从透明体中流出的“某种东西”，但他并没有明说这种东西究竟是什么。这就与胡克《显微术》中的理论截然相反了。

在皇家学会宣读《假说》第二部分的时候，胡克站了起来，说其中的大部分假说都可以在《显微术》中找到，牛顿只不过“在某些具体方面”将其深化了而已。牛顿立即反唇相讥，说胡克的理论和笛卡尔的相差无几，他一直从别人那里借用东西，只不过是稍微扩展了一下罢了。

之后，双方的火药味越来越浓，在这样的背景下，牛顿写了那封最著名的回信，在信中，他说了一句名言：“我只是站在了巨人的肩膀上。”实际上，类似这样的话，很多人都说过，亚历山大说过，日后的拿破仑也说过。我们以为这种话是一种谦虚的态度，但至少就牛顿而言并非如此。

这句话嘲讽意味极强，因为胡克并不是一个巨人，相反，他还有点矮。牛顿这句话的意思是说，胡克总说我抄袭他，我可是站在巨人的肩膀上，他不配。

在牛顿《自然哲学的数学原理》问世后，胡克就曾指出，其中引力反比定律是他告诉牛顿的，而牛顿在著作中压根儿就没提自己的贡献。早在1674年，胡克就曾发表过一篇论文，提出了三点假设：第一，所有天体之间都存在引力；第二，如果没有引力的作用，天体将在惯性的作用下做直线运动；第三，两物体之间距离越短，引力就越强。

事实上，当时的天文学在开普勒之后迎来了一个小高峰，胡克的发现还仅仅停留在定性方面，而牛顿则是从定性走向了定量。

牛顿对于胡克的牢骚不以为然，他声称自己早在20年前就发现了这一定律，并不需要胡克告诉他。

胡克则一直坚称牛顿是偷窃了自己的研究成果，他在1690年2月的一次会议上发言，嘲讽道："牛顿帮了我大忙，我本人多年前首先发现并向学会展示的引力性质被他当成自己的发明印刷出版了。"

如今四百年过去了，我们也没必要去计较胡克或牛顿是否小心眼儿，因为当时的学术审查制度还不完善。引力反比定律也不是一个很稀奇的定律，任何稍有学识的人，在那个年代下点功夫，要得出这个定律并不难。况且第谷和开普勒在之前就已经留下了大量的观测数据。万有引力也并非是由牛顿一人完全独创的，他的贡献在于将其从定性带入了定量，并构建了一整套学科体系。

老实讲，胡克在这方面感觉自己受了委屈，也是情理之中的。只不过，他的抱怨与无奈在当时无人理睬。

1703年，胡克在饱受疾病的折磨中去世。几个月后，牛顿当选为英国皇家学会会长。

如今的牛顿享誉全球，他一头波浪卷的形象也早已深入人心。而胡克的名字，仅仅出现在了中学物理课本上（也有译为虎克），我们只能在书本的角落看到他的弹性定律，至于他长什么样，就无人知晓了，因为他的唯一一张画像在牛顿当选为会长后的一次搬迁途中遗失了。

牛顿的时空观

牛顿曾给出了他对时间与空间的理论，简单来讲，就是绝对时空观，包含以下两条：

1. 时间是独立存在的，没有起点，也没有终点。

2. 空间也是独立存在的，不依赖于任何外在事物，哪怕宇宙万物都消失了，空间也依然存在。

在牛顿看来，时间与空间都是独立存在的，是绝对客观的，空间与时间之间也互不影响。

这很符合我们的常识，但越是习以为常的常识，往往也是最容易被人们忽略的错误。

牛顿当然也知道这点，于是他从理论上来验证。可能是绝对时间太过于棘手，于是他决定先从绝对空间入手。

牛顿用了一个非常奇怪的方法证明了绝对空间的存在：假设有绝对空间的存在，那么就必然会有以这个绝对空间为参照物的绝对运动存在。若是我们能够找到这样的一个绝对运动，那么也就反过来可以证明绝对空间的存在。

于是，牛顿设计了一个非常朴素的“水桶实验”。

首先我们找到一个空的木桶，然后在里面倒满一半的水，将装了半桶水的桶放在平滑的地面上，这样，此时水桶

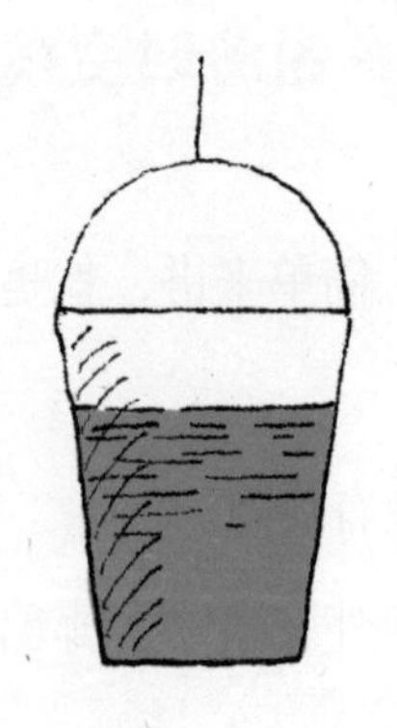
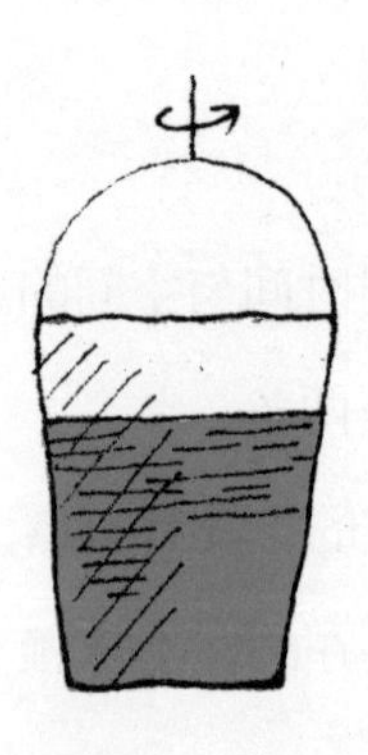
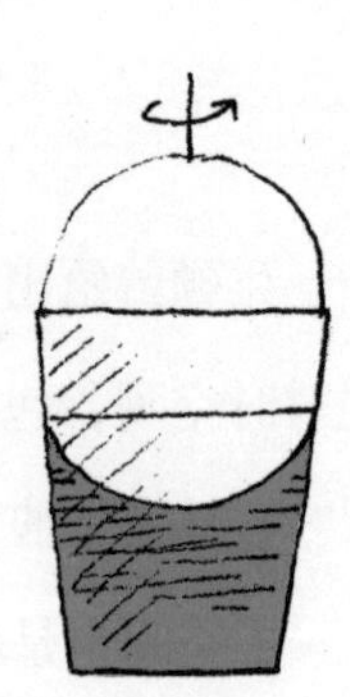

里面的水面是平的。然后，我们突然让木桶以顺时针旋转。水桶刚开始旋转的时候，桶里的水由于惯性定律，还没有“反应”过来，因此依旧保持原先的状态。

当桶转了一定时间后，桶里的水才“反应”过来，跟着桶一起顺时针旋转，其背后的物理原因是桶内壁的摩擦力开始带动水一起旋转。于是，水面就不再是平的了，而是逐渐形成了凹陷，而且越来越凹陷下去，直到水与桶的转速一致。

当水与桶的转速一致时，水与桶之间就相互静止了，这也就是说，水相对于地面是旋转运动的，但相对于桶则是静止的，但此时的水面也不是平的，而是形成了稳定的凹面。

牛顿的想法是，水桶刚开始顺时针旋转的时候，水还保持着静止，没有“反应”过来，此时水相对于桶，是在做逆时针旋转。那么为何水面还是平的呢？牛顿认为，这是因为此时的水相对于绝对空间是静止的。

等到水也跟着旋转起来后，与旋转的桶壁达到相对静止后，水面还是凹面。这是因为水相对于绝对空间是运动的。

第一个跳出来大胆批评牛顿绝对时空观的，是一百年后的捷克物理学家恩斯特·马赫，他的名字已经成为了一个物理学单位——马赫，即速度与音速的比值。

马赫认为，这个世界是相互关联与相互影响的，速度是相对的，加速度也是相对的，因此根本没有绝对空间，也不存在绝对运动。

简单来讲，这个世界上没有绝对的运动，运动都是相对的，得有参照物才行。比如你坐在车子上，车子以一定速度在路面上行驶，你相对于地面是运动的，但相对于车子则是静止的（在这个例子中，你自已就相当于一个质点）。

再比如，地球在太空中高速运转，你相对于地球是静止的，但你相对于其他星球则是运动的。

因此，有了参照物，运动才有意义，没有参照物，运动也就不存在。

再之后，到爱因斯坦才彻底解决了牛顿遗留下来的问题：在惯性系下，牛顿的理论才是成立的；不在惯性系下，牛顿的理论便不再成立。当然，这些都是后话。

▶ 第七章小结

1. 牛顿的伟大之处在于他构建了一套学科体系。

2. 牛顿的三大定律和他的万有引力定律同等重要。

3. 牛顿的时空观是绝对的时空观，他认为空间与时间都是平坦且均匀的。

第八章

机械宇宙观与牛顿力学体系

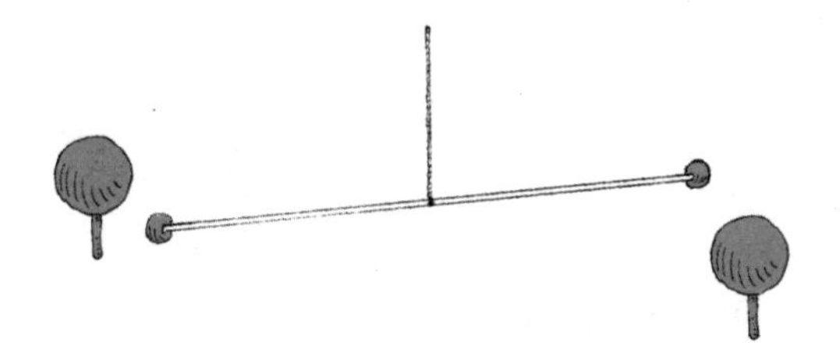

牛顿被认为是人类历史上最重要的科学家之一，自他开始，人类对世界与宇宙的认识和理解达到了一个新的高度。

自从《原理》出版后，世界被褪去了一层朦胧的魅影，在人们面前逐渐摘下了它神秘的面纱。

牛顿的机械宇宙观是一个“力”的世界，他就像是一名魔法师，手中的魔棒轻轻一挥，统领万物的万有引力便呼之欲出，在行星的轨道之间跳着和谐的舞蹈。小到一张纸片的掉落，大到宇宙间行星运行的规律，都可以被囊括进这个理论的体系中。一个苹果落到地面，中间不过短短几秒钟的时间，遵循着万有引力定律；行经数百万千米，每75年才靠近地球一次的彗星亦是如此。

哈雷彗星：牛顿说得对

若是没有埃德蒙·哈雷的帮助，很可能牛顿不会出版他的著作《原理》。这位比牛顿小13岁的哈雷无疑是当时欧洲最伟大的天文学家之一，他工作努力，认真，且富有好奇心，是屈指可数的天才之一。

1684年，哈雷刚刚当选皇家科学院的院士，与英国皇家科学院的主席克里斯托弗·雷恩和皇家科学院的秘书胡克正进行着一场赌局，这场赌局在上一章说过。哈雷对此并没有什么建设性的想法，于是就跑去找了牛顿。

牛顿将自己这些年来的研究告诉了哈雷，在哈雷的反复劝说下，这位天才终于同意将《自然哲学的数学原理》付印出版，牛顿表示，彗星的运动同样也遵循平方反比定律，由于彗星运行的速度要比行星快得多，因此它的轨道应该是一个被拉长的椭圆。

胡克则认为，彗星根本不受引力的影响。

四年前，人们就观测到了一颗彗星朝着太阳运动，同年12月，人们又观测到另一颗彗星正在远离太阳而去。格林尼治天文台的皇家天文学家约翰·弗拉姆斯蒂德大胆猜测，这两颗彗星应该是同一颗。的确，事实上它们真的就是同一颗彗星。

尽管弗拉姆斯蒂德的结论是对的，但他给出的解释却遵循了笛卡尔的旋涡模型。牛顿利用数学工具，分析出了这颗彗星的轨道是抛物线。这也就是说，1680年的那颗彗星在离开太阳后，永远也不会再回来。

这一结果不光是牛顿本人的胜利，也是理解物质世界新方法的胜利。

彗星在今天来讲是宇宙中最寻常的一种星体，但若是回到古代，无论是中国还是西方，都认为彗星是不吉利的事物。古代中国将彗星称为“扫把星”，就像它的名字一样，会给人带来灾难。西方则将其视为上帝的惩罚。

哈雷却不这么看问题，他在研读了牛顿的著作后，大为震惊，完全相信彗星也只不过是太阳系内的一种星体，且不论它吉不吉祥，都会受到万有引力的影响。

哈雷猜想，如果真是如此，那么每隔一段时间，应该会有同样的一颗彗星光临近日点。他知道，只有去历史档案中寻找到足够过硬的数据，才能证明自己的猜想和牛顿的理论是正确的。于是，他回去后翻遍了整个天文系记录，其中有三颗彗星的记录引起了他的注意，一颗是德国天文学家阿皮安1531年观测到的；一颗是开普勒在1607年观测到的；还有一颗是他自己在1682年观测到的。它们经过近日点的时间点分别是：1531年8月24日；1607年10月16日；1682年11月4 日。两两时间点的间隔分别是76年2个月 和74年11个月，两次间隔之差是15个月。

这三次记录有一定的相同之处，其一，它们都有一段倒退的轨迹，意思是说它们都有反向远离地球的运动，而且这三个年份的时间间隔非常接近。

这难道只是巧合吗？

如果不是巧合的话，为什么它们间隔的时间段不是一个精确的数字呢？

哈雷回头又查阅了一下牛顿的理论，找出了这个问题的所在，原来，如果这三次数据记录的都是同一颗彗星，那么它在运行的过程中会受到其他行星的引力影响，但大方向不变，因此才会有一定的时间差。

哈雷为此兴奋不已，他通过推算得出，这颗彗星将会在1758年再次回归，考虑到木星与土星对其的引力影响，因此也有可能回归的时间在1759年。

然而，哈雷在预测中对其他行星对彗星的引力影响考虑得并不全面，他没有把彗星刚刚飞离太阳时木星的拉力计算在内。后来，法国数学家兼天文学家阿列克西·克劳德·克莱罗根据更完善的数学知识，预言这颗彗星将于1759年4月13日到达近日点。

很可惜的是，在这个预测的时间点到来之前——1742年1月14日，哈雷便与世长辞。

1758年圣诞节那天，一个德国农场主兼天文学家约翰·格奥尔格·帕利奇率先看到了天空中的这颗彗星。这颗彗星最终在1759年3月13日通过了近日点。遗憾的是，木星与土星的引力最终让它迟到了618天。但无论怎样，哈雷的预测得到了证实，考虑到那时候观测仪器的落后，与75年的平均回归周期来讲，618天的误差并不是严重的错误。

最终，人们以哈雷的名字为这颗彗星命名，这就是著名的哈雷彗星。每一次的旅行对于哈雷彗星来讲，都会损失一部分质量。但天文学家推测，要等到哈雷彗星完全消失殆尽，可能要很久很久以后。

无疑，哈雷彗星的回归，再一次证明了牛顿理论的正确性。

卡文迪许的“扭秤”实验

牛顿虽然得出了万有引力的公式，但其中万有引力的常量究竟是多少，还需要测量。而完成这一系列测量的人是比牛顿晚出生了约一个世纪的英国科学家，他就是亨利·卡文迪许。

卡文迪许终身未婚，且性格比牛顿还要孤僻，不善交际，除了到英国皇家学会参加会议，或到几个同事家做客以外，其他地方都不去。卡文迪许的一生，几乎所有的时间都是在实验室中度过的，科学可以说是他的真爱。

卡文迪许于1731年10月10日出生于意大利的撒丁王国，后来进入剑桥大学求学，之后就一直在伦敦定居。卡文迪许腼腆害羞，很怕遇到陌生人，若是有人来找他谈话，他就会涨红了脸，恨不得挖个地洞钻进去。有一次，一位英国科学家和一位奥地利科学家到一位爵士家里做客，恰好卡文迪许也在。爵士非常高兴，家里来了这么多客人，于是就介绍他们相互认识，并且猛夸卡文迪许，宾客之间也相互恭维客套。结果，卡文迪许起初不知所措，后来就直接跑掉，坐上马车回家去了。

不过，卡文迪许很有钱，在当时就已经是一个百万富翁了，有人说他是“一切学者中最富有的，一切富豪中最有学问的”。然而，尽管家财万贯，他却不知享乐为何物，整天将自己关在实验室里面搞研究。他很少露面，过着隐士的生活，一连50个年头。

卡文迪许一生做了很多实验，尤其是在化学中，他第一次分离出了氢气，并推测出了水的化学分子式。但由于他为人谨慎，且非常不自信，因此很多手稿都没有发表。

卡文迪许最令人瞩目的实验还是中学物理课本上提到的“扭秤”实验，就是因为这个实验，他测出了地球的质量和引力常数，也因此被科学史永远地记住了。

1687年，牛顿首次出版《自然哲学的数学原理》，在这本书中，他第一次公布了万有引力定律，同时还用他的三大定律和万有引力定律研究了很多问题，包括行星运动和月球运动，以及大海的潮汐力。

一百年来，人们都想准确测量出地球的质量，曾有一个叫马斯基林的人做过尝试，估算出地球质量大概是5乘以10的21次方吨。（牛顿曾经估算过地球质量，大概是6乘以10的21次方吨，根据实际情况来看，牛顿的预估非常接近。）后来，约翰·米切尔制造了一台测量地球质量的仪器，但从未真正亲自动手测量过，在他去世之前，将这套仪器留给了卡文迪许。

1789年，卡文迪许将米切尔的装置装好了，准备验证马斯基林测出的地球质量。他用一根很长的细绳将一根长约1.8米的木杆水平悬挂起来，木杆的两头各有一个直径5厘米、重约0.73千克的铅球，每个铅球的逆时针方向处又放置一个直径约30厘米、重约160千克的大铅球。

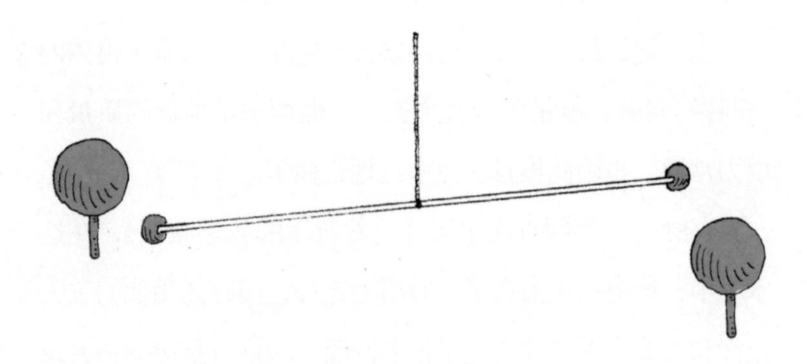

看吧，这个装置非常简单，根据牛顿的万有引力，两个物体之间都会有吸引力，大铅球与小铅球之间会有万有引力，大铅球的引力会使得小铅球发生偏转，于是木杆也会随之旋转。当细绳的扭力刚好等于小球所受到的引力时，则木杆将保持平衡。卡文迪许如果能测到大球对小球的吸引，则就可以得出地球质量与大球质量的比值。

这个实验非常精密，因为我们现在知道，万有引力常数很小，任何风吹草动都可能会给实验带来大的误差，而且这个装置看起来很简单，但在装好后，需要等待几个小时使得装置完全静止下来。这是一项精细活，需要极大的耐心。卡文迪许将装置弄好后，就要离开房间，在外面控制实验，因为自己的转身都可能会对实验造成误差。

卡文迪许离开了实验室，站在外面用望远镜观察实验，当小球稳定下来后，他记录下了它们的位置，然后将大球移动到小球的另一侧，于是小球开始向相反方向偏转。小球再次稳定下来后，卡文迪许发现，它们只移动了约4毫米的距离。

实际上，大球对小球的引力非常小，相当于一粒沙子的质量。当然，一次实验肯定是不够的，以卡文迪许严谨的性格，必定是做了很多次这样的实验，而没有耐心的人，基本做一次就已经无法忍受了。

卡文迪许排除误差后，算出了地球的平均密度大概是水的5.4倍，他得到的地球质量与今天公认的5.97乘以10的21次方吨非常接近。

如今我们知道，这个宇宙中有四个基本力——弱力、强力、电磁力和万有引力，而万有引力是其中最弱的那一个。当两个人互相靠近的时候，理论上是会产生万有引力的，可我们感受不到。我的质量比蚂蚁大得多，但当我靠近蚂蚁的时候，蚂蚁不会绕着我转。再比如，两个因摩擦丝绸而互相排斥的玻璃棒，其中的电磁力却能被我们轻易觉察到，而我们却感受不到它们之间的万有引力。

万有引力常量：$G=6.67\times10^{-11}Nm^2/kg^2$

静电力常量：$K=9.0\times10^{9}Nm^2/C^2$

这根本就不是一个数量级的，如果说万有引力常量是一只蚂蚁，那么静电力常量就是地球。

由此可见，卡文迪许是一个多么细腻的人，他几乎用了一年的时间不断重复这个实验、反复计算，排除误差。

1810年2月24日，卡文迪许在伦敦去世，享年80岁。

一切都是确定好的吗？

从牛顿开始到19世纪后期，天体力学以经典力学为理论工具，称为经典天体力学时期。其中，法国的科学家皮埃尔－西蒙·拉普拉斯是天体力学的集大成者，他的5卷16册巨著《天体力学》是经典天体力学的代表作。

拉普拉斯是一个非常聪明的人，从小就是一个数学天才，被誉为法国的牛顿。1786年，拉普拉斯发现，行星之间的摄动力是守恒的，没有长期效应，只有周期性的轨道变化。这使得行星轨道的偏心率和倾角的变化很小，并且能自动调节。在拉普拉斯看来，正是行星平均运动的不变性，才保证了太阳系的稳定性，太阳系在整体上来讲，还是稳定的，因为那些不稳定的摄动力，持续时间很短，不足以对太阳系构成实质性的挑战。

据说，当年拉普拉斯将自己的著作献给了拿破仑，拿破仑调侃道："拉普拉斯先生，他们跟我说你写了这么一部关于宇宙系统的巨著，但从来没有提到过造物主。"拉普拉斯固执地回答道："陛下，我的理论不需要这个假设。"

再进一步，既然这个宇宙不需要上帝的干预，那么它就真的成了一个巨大的机械。只要我们知晓这个宇宙中所有的粒子的位置与状态，那么我们就可以根据牛顿与其他人的理论推算出这个宇宙在未来任意时刻的状态，以及知晓它的所有过去。

科学界将其简化成了一个“拉普拉斯妖”的模型，这也被戏称为物理学界的四大神兽之一，其他三个是“芝诺的乌龟”“麦克斯韦的精灵”以及“薛定谔的猫”。无一例外，它们都是悖论。

要理解拉普拉斯妖，我们首先来思考一个问题，即“未来可以预测吗”？

假设，有一个超智能生物，他知道这个宇宙中所有粒子的现有状态，即位置和速度，那么他就可以推算出整个宇宙的未来和过去，前提条件当然是庞大到天文数字的计算量。拉普拉斯在1814年所写的《概率论的哲学理论》中写了这么一段话：“想象有一个智慧体，它在任何时间都知道所有控制大自然的力量，同时也知道每一项事物的运动状态。假设这智慧体可以将所有数据加以分析，能把宇宙中大大小小物体运动的状态用一个公式描述。对它而言，没有不确定的东西，它可以清楚地看到未来与过去。”

当时的人们普遍的观念是，这个宇宙中发生的一切都是可以被人们的理性所认知的。这就好像是我们以前做物理题，一辆汽车以一个初始速度，以一个恒定加速度向前直线行驶，那么无论多长时间，我们都能算出它在任一时刻的速度和行驶过的距离，至少在理论上是如此。

就比如我去打台球，只要台面的摩擦系数、撞击产生的速度，以及周围空气中的每一个粒子的状态已知，那么我在挥动杆子的一瞬间，理论上就可以计算出白球会撞到哪个球，以及每个球停下来的位置。

可是，若真是这样，那就带来了一个悖论，比如一台像超级计算机一样的生物，存储量特别庞大，大到惊人，它所具有的知识完备到连自身内部结构的所有细节都掌握得一清二楚，因此能够预测自己的行为。可一旦我们开始分析“计算机知道组成自己的每个原子与电子状态”代表什么，立论就变得站不住脚了。计算机需要将这些信息储存在内存中，而内存本身就是由特殊排列的原子所构成，这种排列方式本身也是计算机所需掌握的信息——这显然自相矛盾。

内存是用来储存外部信息用的，若将内存原子的状态也包含在整体信息当中，那么这些原子态的信息就需要储存在其他外部系统中，而这些外部系统原子的信息还需要更进一步储存到另外的系统中……如此一直推演下去，永无止境。

因此超级计算机无法描述它自己的状态，这就排除了“计算机知晓关于宇宙一切”的可能性。

这么说可能有点绕，其实说穿了，如果未来可以预测，那么这个未来就是注定的，是命定的，可一旦命定了，那么也就谈不上预测了，预测就失效了。这并非玩文字游戏，而是其本身悖论所在。

机械宇宙论其实也可以等价于命定论，站在今天的科学角度来讲，这里面有足够多的漏洞，因为混沌系统就是不可知的，再引入量子力学中的不确定性原理，实际上这个假设前提就不成立。海森堡是20世纪伟大的量子物理学家之一，他的不确定性原理是说，你对一个粒子的位置知道得越精确，它的速度你就知道得越不精确；反之，你对一个粒子的速度知道得越精确，它的位置你就知道得越不精确。这是物理定律，和实验器材的精密度没有关系。哪怕是随着科技的发展，人类观测的水平越来越高，这个不确定性原理依然生效。这就好比，你用再怎么高科技不锈钢锅炒出来的菜，厨艺水平再怎么提升，你肚子的容量总是有限的。

1960年代初，美国气象学家爱德华·洛伦兹进行气候形态仿真时，意外发现了蝴蝶效应。他发现，在输入计算机的一些数据时，哪怕是微小的差异，都可能造成结果的大相径庭，这可真是“失之毫厘，谬以千里”。

这也就是为什么天气预测如此之难，因为我们永远无法完全精确地掌握现实中所有影响天气的变量。如今，我们能在合理的可信度范围内预测未来几天是否下雨，但绝不可能知道明年的今天是晴是雨。甚至，我们都不能确定某个地区明天是否会下雨，只能说明天有80%的概率会下雨。

因此，整个宇宙更像是一个生态系，并非是机械式的，宇宙的未来并非确定的，它与我们对粒子的探测紧密相关。但是在经典物理层面，在相对宏观的尺度下，牛顿的三大定律和万有引力是十分准确的，理论上，我们可以预测宏观力学系统的所有行为。

海王星的发现：对牛顿奉上敬意

在没有望远镜的年代，人们对于太阳系的了解十分有限，只知道太阳、月亮、水星、金星、土星、木星和我们脚下的地球。尽管在晴朗的夜空，在一些有利的条件下，人们也能用肉眼观测到天王星，但这并非一件易事。

随着望远镜时代的到来，人们观测到的宇宙范围也越来越广，一直到1781年，天王星的正式发现掀开了天文史上新的一页。

发现天王星的人叫威廉·赫歇尔，于1738年出生于德国的汉诺威，那时候牛顿已经去世11年了。赫歇尔早年参过军，后来在英国的巴斯定居了下来，成为一名音乐教师和教堂管风琴手。赫歇尔有一个妹妹，叫卡洛琳，由于在家庭中受尽了屈辱，因此逃离了家乡汉诺威，前往英国与哥哥会合。

赫歇尔平时也是一个天文爱好者，闲暇之余会在家里自己磨镜片。心灵手巧的他制作的望远镜可谓是百里挑一，非常精细。妹妹也经常和他一起将目光投向遥远的星空，每一次都像是在进行一次时空的旅程。

1781年3月13日，赫歇尔与妹妹一起观测到了一颗值得注意的星体，经过仔细研究后，他确定这不是一颗恒星，也不是彗星，而是一颗行星。

赫歇尔为此兴奋不已，还跑去向英国国王乔治三世报喜，希望能在温莎城堡制作一架望远镜，以此获得更为细致的观测。乔治三世答应了，任命他为国王的皇家天文学家并得到了一笔津贴，妹妹作为助手也获得了其一半的津贴。

经过一段时间后，赫歇尔确定无疑它是一颗从未有过记载的行星，一开始想以国王的名字命名为“乔治之星”，却遭到了其他国家的天文学家的不满。德国天文学家约翰·波得提议，应当遵循用古代神祇命名行星的惯例。这个提议得到了大部分人的认可。因此，这颗行星便以古希腊天空之神的名字乌拉诺斯来命名，即天王星（Uranus）。

实际上，在天王星被正式发现的100年前，就曾有英国天文学家发现过它，但它被误认为是一颗恒星，被记录成了金牛座的第34颗星星。从1690年12月到1771年12月，天王星在这81年间一共被观测到22次，人们用牛顿的万有引力计算，制作了天王星的运行表，但是很快就发现，实际的观测与牛顿理论计算出来的结果相差很大，而且随着时间的推移，误差越来越大。

随着一次又一次的计算与观测，牛顿的理论遭到了前所未有的危机。一般来讲，科学的理论都是建立在观测到的数据基础上，如果两者相差很大，那么多半是理论出了问题。自牛顿的万有引力问世以来，才刚刚过了一个世纪，难道说牛顿错了吗？

虽然当时也有人怀疑是否是牛顿的理论出了问题，但除此之外，还有一种可能，就是在天王星的附近还有一颗还未被发现的星体，干扰了天王星的运动。

法国天文学家奥本·勒维耶和英国天文学家约翰·库奇·亚当斯几乎在同时想到了这种可能，并埋头计算。亚当斯经过反复计算，画出了一颗未知行星的轨道，并将结果交给了皇家天文学家乔治·艾里，由于他当时资历尚浅，遭到了怠慢，艾里根本就没有把这当回事。

法国的勒维耶也没好到哪里去，他的资历也尚浅。就算有了手上的计算数据，但也要和实际观测相吻合才有用。因此，勒维耶就想方设法找一个肯与自己合作的天文台。

与此同时，当年发现天王星的赫歇尔的儿子小赫歇尔也开始着手准备发现这颗未知的行星。三方展开了第一发现者的竞赛，最终是勒维耶获得了胜利。他说服德国柏林天文台的天文学家，按照自己计算的结果，在特定的范围内搜寻这颗行星。终于在1846年9月23日晚上找到了新的行星，并发表了观测结果。现在我们知道，这颗行星，就是海王星。

海王星的发现可谓人类历史上的一次飞跃，因为它是依靠牛顿理论的计算结果，在搜索几个小时内就被精准找到的行星。

有人提议将这颗新发现的行星用“勒维耶”的名字命名，但根据传统对太阳系行星命名的方式，这颗星以罗马神话中海神尼普顿（Neptune）的名字命名，因为它看上去呈淡蓝色，就像是一颗海洋星球。

海王星也被称为笔尖上的行星，它的发现非但没有证伪牛顿的万有引力，相反还将这一理论推到了一个新的高度。如果说之前还有人对其表示怀疑，那么自从海王星被发现后，他们也就只能尊重事实，并对牛顿奉上敬意。

▶ 第八章小结

1. 哈雷用牛顿的理论预测了哈雷彗星的回归日期，且在后来得到了证实。

2. 卡文迪许精确测量了牛顿万有引力定律中的万有引力常数。

3. 拉普拉斯彻底解决了太阳系内部行星的摄动问题，并将“上帝”完全排除在外。

4. 海王星的发现得益于牛顿的理论。

第九章

是失败还是进步

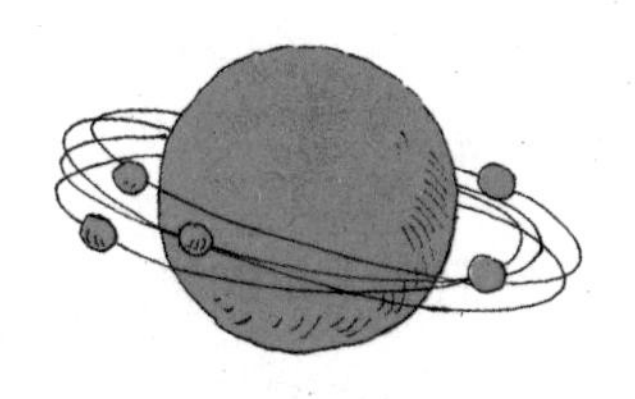

伟大如牛顿，也会有错误的时候吗？他的错误是因为原先设想的环境变了，还是因为其理论本身就是一场误会呢？一百年来，人们孜孜不倦寻找的“X行星”究竟存不存在呢？

事实上，牛顿的理论并非错了，只是不完备而已。任何科学理论，都有一定的适用范围，超出这个范围，则理论也会有不准的时候，这可以给我们带来哪些启示呢？

被踢出局的冥王星

海王星的发现，归根结底是人们理性认知上的一次巨大的飞越，以往，人们发现一个新的东西，是先观测到了它，然后通过种种解释给它套上一层理论的框架，而海王星的发

现则刚好是颠倒过来的，是人们从理论出发，去探测，结果真的发现了。

然而海王星的轨道与理论计算出来的不完全相符，人们一致认为，在海王星的外面，一定还有一颗新的行星在干扰海王星的运动。

来自美国波士顿的商人珀西瓦尔·洛厄尔是这一理论的捍卫者，他计算出了这颗行星的可能的位置，而后将其命名为“X行星”，并开启了发现之旅。

他在亚利桑那州弗拉格斯塔夫建立了一座天文台，用以寻找它，但一直到他1916年去世都未能完成心愿。工作依旧继续，接手他任务的是一名业余的天文学家克莱德·汤博。

1930年，24岁的汤博发现了这颗“X行星”，这引起了人们的注意，最终以罗马神话中冥界之神普鲁托（Pluto）为其命名，这就是冥王星。

由于冥王星是由美国人发现的，当时的美国正值大萧条时代，这一发现就像是黑夜中的一盏灯，照亮了每一个迷茫且失落的美国人。迪士尼为了纪念这件事，还将米老鼠旁边的那条黄色的狗命名为布鲁托，也就是冥王星的另一个音译。

然而，随着科学水平与观测仪器的不断更新，人们发现这颗冥王星实在是太奇怪了。天文学界对于“什么是行星”的定义有三条基准：其一，它必须绕着太阳系公转；其二，它必须是球形的；其三，它在自己公转的轨道上必须是最大的。

随着人们对冥王星的了解，发现它满足以上第一和第二条，在第三条上出现了问题。在冥王星绕太阳公转的轨道附近，还有很多其他星体，这些星体甚至比冥王星都要大。距离冥王星最近的是海王星轨道之外的阋神星，就比冥王星大。而且这一区域中跟冥王星大小差不多的矮行星还有很多，例如鸟神星和妊神星。如果冥王星被列入太阳系的行星行列的话，那么为什么与冥王星差不多大小甚至比它还要大的星体要被排除在外呢？

最终，天文学界在2006年决定将冥王星踢出太阳系的行星行列，将其降级为矮行星。尽管也有一些人对此并不买账，不接受冥王星是矮行星的判定，尤其是对于美国人来讲，他们好不容易在天文学界取得的成就将大打折扣，但无论如何，这一次降级非但没有降低冥王星的地位，相反，人们对它的热情不断提升。

任何科学理论，都不会是永恒不变的，人类历史的发展，也在不断向前推进的过程中发现了更多的可能。很多我们今天习以为常且确定无疑的结论，很可能在几百年后被后人证明是谬误。就像托勒密的“地心说”一样，随着人类科学水平的不断提升，它最终被归入到错误的那一栏。但我们并不能因此而抹杀掉它的贡献，与其说它是错误，不如说它是进步的一个台阶。

牛顿的三大定律和万有引力在未来或许会被其他更新、更精确的理论所代替，或许若干年后的后人在看向牛顿的时候，会像我们回头看托勒密一样。但他们不能也不应该忘记，在漫长的人类科学史上，正是因为有像托勒密、伽利略和牛顿这样的人，我们的头顶上的星空才不至于是一片黑暗。

水星进动，牛顿错了吗？

1859年，在发现海王星之后的第13年，奥本·勒维耶首次发现了水星在近日点的反常进动。实际上，关于水星的“叛逆”早已不是什么大新闻了，从1836年到1842年，法国巴黎的天文台就已经完成了约两百次有关水星的观测记录，勒维耶通过这些数据想对水星进行完整的描述，却总是发现差了那么一点。

1845年5月8日，这一天将发生水星凌日事件。人们在此前就已经计算出来了，最佳的观测地点在美国。真的等到了那一天，美国俄亥俄州聚集了从全球各地赶来的天文学家，他们准备就绪，打算记录这一次水星凌日。结果，人们发现，水星凌日的时间与勒维耶计算出来的不一致，实际上比理论上大约迟到了16秒。

16秒虽然不长，但对于严谨的科学家来说却是一件不得了的大事，因为这意味着勒维耶肯定是忽略了某些东西。

基于对150年内水星轨道观测数据的分析，勒维耶继续埋头苦干，推算出水星每经过一个世纪，围绕太阳公转轨道的近日点就会发生574弧秒（0.159度）的位移，这也就是水星进动。

行星围绕太阳转的轨道是椭圆形，椭圆有两个焦点，轨道上距离太阳最近的焦点叫作近日点。在理想状态下，排除一切其他行星的干扰，行星在绕太阳转了一圈后，应该回到起初的原点。也就是说，无论行星转了多少圈，其每一圈的轨道路径是完全重合的。

然而，太阳系中有八大行星，水星只是距离太阳最近的一颗，万有引力是万物皆有，并非只是水星与太阳之间的秘密协议，因此，其他行星也会与水星产生相互的引力。放到现实中来，行星运转的轨道虽然还是椭圆形，但每一圈都会有所变动。如果你在一页纸上画出天体每一年的轨迹，随着时间推移，你会得到一种花瓣样的图案，每个椭圆都略微发生了偏移。

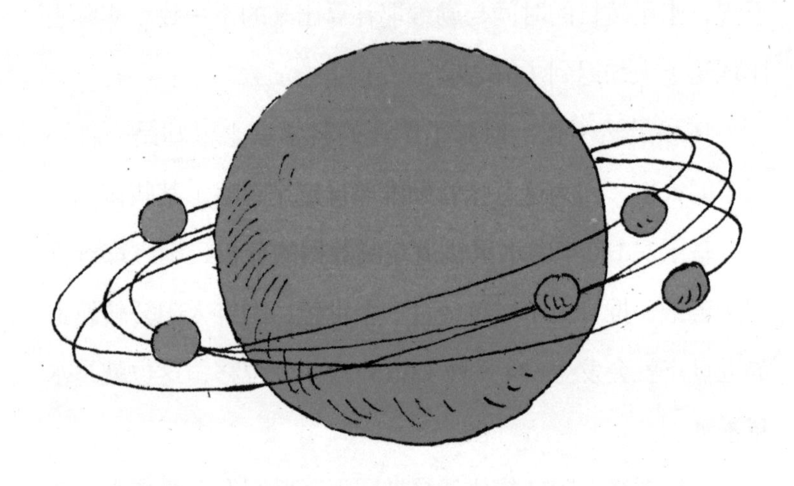

行星的近日点将围绕着太阳转动，偏移的方向和行星运动的方向相同的情况就被称为近日点进动。

如果我们将其他行星对水星的引力考虑在内，用牛顿的理论计算一番，得出的结论是，其偏差应该为531弧秒，比实际观测结果少了43弧秒。

难道说牛顿错了吗？

勒维耶猜测，在太阳和水星之间必定还有一颗小行星存在，他用罗马神话中火神伏尔甘的名字为其命名，因为它距离太阳是那么近。

之后，勒维耶一直尽心去寻找这个理论中的伏尔甘星，却始终没有任何发现。人们也并未发现任何其他比水星距离太阳更近的星体。勒维耶是伏尔甘理论的忠实捍卫者，一直到1877年去世也并未寻找到任何踪迹。寻找伏尔甘星的工作在他之后便几乎陷入了停顿，水星进动问题也一直成了一个谜团。

就算是之后有了宇宙大爆炸理论，人们依然对水星进动的问题束手无策。人们已经习惯了牛顿的万有引力定律，认为通过理论做出预言是理所当然的事情。自从牛顿之后，人们完成了一场自然数学化的科学革命，从方程中得到的特定解可以解释物理现象。从天王星的理论入手，我们发现了海王星，然而从水星的理论入手，我们没有找到那颗伏尔甘星。

看来，宇宙远比我们想象的还要复杂。

1878年之后，几乎整个科学界都不再承认伏尔甘星的存在。奇怪的是，也没有人因此怀疑过牛顿的理论，因为从它诞生到现在，已经预言了很多事情，如果说牛顿理论错了，那么哈雷彗星的回归又为何与牛顿理论所预言的一致？海王星难道只是巧合吗？

尽管牛顿的万有引力能解释自然界中的很多现象，但依旧不能解释所有现象。水星进动就像一柄达摩克利斯之剑，始终悬挂在人们的头顶。

有些人试图修正牛顿的理论，一位天文学家甚至认为，牛顿理论只是一个近似理论。实际上，引力随着两物体之间的距离并不是成完整的反比，那个倍数不再是2，而是2.0000001574，若是这样的话，水星进动也就不再是一个问题。

2.0000001574，这是一个多么奇怪的数字，一点美感都没有，物理学家理查德·费曼更是戏谑地宣称，我们这个宇宙的品位不佳。

总之无论如何，人们都还围绕在牛顿理论的附近徘徊，小心翼翼地对其进行小修小补。

除了水星进动问题之外，牛顿的理论还存在着其他一些看似奇怪的东西。牛顿力学中的时间与空间都是绝对的，时间可以为正，也可以为负，我们根据牛顿力学既可以追溯过去，也可以展望未来，这两个过程没有什么区别，这就会导致时间没有箭头，一切都似乎在机械地运行着。牛顿本人曾说："大自然是一个永恒的循环的创造者。"

因此牛顿的时空观中，时间一分一秒以相同的速度流逝，对于任何人来讲，都是一样的，无论你是在跑步、坐飞机，还是在家写作业，时间对每个人来说都是公平的，它不会因为你跑步7米/秒和他跑步10米/秒而区别对待。

而且，引力在牛顿的世界中，是一种瞬时作用，如果太阳某天突然消失了，那么我们还能看到太阳，只不过是八分钟之前的太阳，因为光的传递需要时间，而牛顿说的引力则不需要，一旦太阳消失，太阳与地球之间的引力也就瞬间消失，地球将会被甩出轨道。

尽管牛顿创建了一套庞大的万有引力系统，但引力究竟是怎么产生的，为什么一个有质量的物体会吸引另一个有质量的物体，他倒没有给出解释。甚至在他活着的时候，他拒绝做出任何具体的解释，似乎在他看来，这一点都不重要，我们只要知道两个有质量的物体会相互吸引就够了不是吗？为什么还要去理解它们为什么会吸引？

牛顿在《原理》第三版中为了回应这些批评意见而增加了一句看似无关紧要的话："我还不能从现象中得到这些引力性质产生的原因，我也不愿意捏造假设。"

在勒维耶去世一百多年后，19世纪末，经典物理学的大厦遭遇了前所未有的考验，有一个叫阿尔伯特·爱因斯坦的犹太科学家为此开出了一条崭新的道路。在解释宇宙奥秘上，他引入了一个新的模型，即相对论，这彻底解决了水星进动问题。引力也不再是一种超距作用，时间与空间也并不是绝对的，而是存在某种镶嵌的关系。

万有引力在面对水星进动的问题时显得束手无策，这并不是说这个理论本身就错了，而是因为水星进动超过了万有引力的适用范围。任何理论都有它的适用范围，都有它的局限性。

只不过，要介绍爱因斯坦的相对论，也已经超出了本书的范畴。在日常生活中，在初高中的物理课上，牛顿的万有引力依然占据着主导地位。

▶ 第九章小结

1.冥王星曾经是太阳系的主流行星之一，不过其在2006年被降级为矮行星。

2.牛顿的理论无法解释水星进动问题。

3.牛顿的理论具有一定的适用范围，超出了这个范围则会出现错误。

4.科学最重要的一个特点在于其可证伪。

写在后面的话：

科学认知是动态的

在爱因斯坦出现之后，很多人认为是牛顿错了。

实际上，这是对科学最大的误解。

任何科学理论，都有一定的适用范围，都有其自身的局限性。牛顿的理论在解释更宏观的世界以及微观世界时，的确显得力不从心，甚至出现了错误。但这不是牛顿理论的问题，而是因为我们在超出了它适用的范围使用它，就像是将原本生活在水中的鱼打捞起来，让其在陆地上爬行。

写在后面的话：
科学认知是动态的

科学是谦卑的，它就站在那里，从来不会说自己永远正确，它始终等待着后人去发现它的不足，去改善它，去完善它，甚至推翻它。托勒密的“地心说”如此，牛顿的“万有引力”也是如此，爱因斯坦的“相对论”亦是如此。

英国科学哲学家卡尔·波普尔认为，科学是可以证伪的，比如一套理论，被人提了出来，那就意味着它是可以被证明是错误的。长久以来，我们所理解的科学总是绝对正确且深奥的，其实不然。真正的科学是不断更新进步的，朴实的，立足于我们的日常生活的。

比如，牛顿的万有引力，两个有质量的物体，会彼此相吸，且相互之间的吸引力与物体质量成正比，与两物体之间距离的平方成反比，我们可以通过牛顿给出的公式去具体算出来。在大部分情况下，牛顿的万有引力都能给我们一个可靠的数值答案，但在某些地方，它就不行了，比如在水星进动问题上。这个时候，我们就可以说牛顿的理论在这个地方出现了错误。

这是可以被证伪的，因此它就是科学的。

科学，仅仅只是一套方法论而已。

一个会犯错的科学，远远好于一个宣称自己永远不会犯错的教条。

其实，这对于我们每个人都有启示，不要怕犯错，更不要怕与别人的意见不相同。因为，不怕犯错才会有继续向前走的勇气，不怕与别人意见不同才会有创新与发展。

通往真理的这条路，我们一直都在路上，且永远会继续探索下去。在这条道路并不孤独。那些伟大的科学家，正如闪耀在我们头顶的满天星辰，指引着我们前进的方向。

就像是进行了一次漫长的时空旅行，这本书，从泰勒斯到亚里士多德，从“盖天说”到“宣夜说”，从托勒密的“地心说”到哥白尼的“日心说”，最终停在了牛顿这里，汇聚成了一道被称为万有引力的光。

古往今来，是这些先辈不断添砖加瓦，才成就了我们现在的科学大厦。科学不仅仅是技术，更是我们看待世界的方式。

未来，更需要我们并肩前行，走在路上的人们，还请加油。

参考书目

《科学思想史》林德宏，南京大学出版社

《西方科学通史》文聘元，江西美术出版社

《中国天文考古学》冯时，中国社会科学出版社

《宇宙的规则：决定论or随机论》胡先笙，北京时代华文书局有限公司

《地心说的陨落》【美】威廉·T.沃尔曼，广东人民出版社

《地球的天空：哥白尼、第谷、开普勒和伽利略如何发现现代世界》【美】L.S.福伯，天地出版社

《关于托勒密和哥白尼两大世界体系的对话》【意大利】伽利略，北京大学出版社

《追捕祝融星》【美】托马斯·利文森，民主与建设出版社

《思维简史：从丛林到宇宙》【美】伦纳德·蒙洛迪诺，中信出版社

《莱布尼茨、牛顿与发明时间》【德】托马斯·德·帕多瓦，社会科学文献出版社